建筑力：空间思考的10堂修炼课

林煜杰 —— 著

建筑竞图、设计提案、土地规划、学生设计的必备技能解析

天津出版传媒集团

天津人民出版社

CONTENTS

CONTENTS

CONTENTS

PREFACE

序·言·

考不上建筑师，并不等于你的设计能力不好。

推荐序 1 **活化思路的
建筑解析之书**

• • • •

阿杰说，书写完了，要请我写推荐序，理由如下：

1. 我在公司都只骂他一个人。

2. "阿杰，你不要每次都制造设计的麻烦。"

我和阿杰一起工作十多年，我热爱建筑设计，阿杰也是，只是我认为"做得要比说得更多"，阿杰除了做设计，还在教大家，所以"讲得也不少"。现在，真的把书一字一字写完了，这个算厉害。

这本书是要给未来的建筑人用的，我看完的感想是，在职场中卡住的人也快点买一本吧！赶快提升你的武功，建筑的职场还缺很多人才。书的内容从看建筑、分解、绘图、题目思考、逻辑分析到图面设计，完整的操作练习，还有一步一步的图面绘制过程，可以说是阿杰工作这么长时间的总结，我百分之百确定这本书很有用。

建筑师是需要有智商和情商兼备的高难度职业！因为我们总是不停地在购房者、开发者与自我理想的三角关系中寻求不同的平衡点。因为开发者认为土地成本很高，希望创造最大利益；建筑师有对环境的理想和自我的期许；购房者也有其他的期待。大部分的时候它们是有冲突的，所以必须靠建筑师的智慧去解决这些问题。

建筑师需要保持自身认真执行操作的个性！

我自认是在操作上比较实际的人，阿杰也是，虽然我真的觉得他在做立面时，会制造同事觉得麻烦的设计，但是一个房子如果连我自己想住在里面的意愿都很勉强，又如何卖给消费者？这是违背良心的。

我们又要考虑建筑物与环境的适应性，从基地特性、建筑设计转化为影响生活的空间，因此建筑物的设计，必须同时是理性科学的商业计算加上如同自然生命体的特性，从基地上很自然地"生长"出来。所以，建筑人就必须不断逼自己去认识环境、认识人群、磨炼头脑，决定建筑的形体比例与平面。形体与平面规划的完美结合，才能忠实体现建筑的整体美感与气势。

　　努力的人都有共同的面貌，期许所有的建筑人，客观正视自己的任务与需要的实力，找到属于自己的建筑设计技术诀窍。

王克诚建筑师事务所

王克诚

建筑的每一步都是人类思想的展现

推荐序 2

● ● ●

从事建筑工作越久，越觉得建筑意义与思考脉络的复杂性，远非文字、学理能表达，至少到现在，我还是觉得每天都有许多事情得学习。

建筑很多与"人"有关，不是靠用平行尺往右一画：以上完全拆除——这种主宰他人未来生活的纸上策略。

建筑不只是提案或概念呈现，它最终还必须被清晰地执行完成，引导人类活动、担任安全庇护、成为社会资产，未来还是地表的风格；而且我们要考量的有看得见的物件与看不见的情感，加诸在其中的活动，以及日后对人可能发生的影响，有句话说得很好：we build the buildings，and then the buildings build us①，所以我们建筑师的世界不是只有数值与建材围拢成的图面作业。

建筑，更是一门结合哲学、艺术、力学、机能、设计的科学，反映每个时代的价值观，从解构主义带来的全新逻辑、隈研吾的弱建筑与负建筑传达尊重自然的理念、路易斯·康的光线与建筑的演绎到现在的线性设计，更显示出建筑的思想极致和艺术哲学分不开。建筑是环境中存在至少百年的标志，作为建筑师，不能光想着自己，而是要考虑建筑物能穿越现代，能成为跨时代共感的美学吗？

我个人的执业追求，就是往"减少"的方向思考，将那些可能是"非必要的"、现有的、制式的存在，转换、提升到另一个设计层次。

① 我们建造了房子，房子构建了我们。"人宅互养"：人与建筑相互影响。

还有顺应时代的重要安排，绿色建筑、节能建筑和工程危机解除，都是建筑师必须要有的智慧，懂得越多，我们对环境就会越谦卑，对人我们会越尊重。

　　当然，在谈论超时代的设计前，各位学子还是必须先打好扎实的底子，也必须先考过建筑师考试，训练头脑进行逻辑性思考，分出事情的轻重缓急，找到出人意料的角度，解答业主遇到的困难，这必须有充分的训练，本书很适合担任初期阶段的辅导角色，希望各位要好好研读。

成功大学建筑研究所毕业
蔡达宽建筑师事务所负责人
蔡达宽

专业是
"做自己喜欢的事，
让别人陶醉其中"

• • •

对林煜杰建筑师来说，这样的写照非常贴切，这本书的面世，起源于"做建筑设计、考建筑师执照"这种压力指数爆表的事，他可以让人清楚明白：欢欢喜喜地做自己喜欢做的事，然后继续"让别人也乐在其中"！

其实事情的一开始并非如此，事实上，曾经经历一番辩证式的转折。在校时学业和设计成绩表现出色，他希望以个人建筑设计的能力，在社会职场中有个专业的基本定位。当考取建筑师执照这件事变成一个被期待的目标后，事情虽然很单纯，但过程中开始出现了痛苦，那种深深引以为苦的感受，仿佛将原先一切的美好消磨殆尽。

于是他被迫检视"自己要考建筑师"

这件事情，在被痛苦侵蚀时，究竟还剩下些什么？煜杰兼具这样的感知和理性思维风格、自我检视和反思习惯，其实从学生时代就开始……

初见到煜杰是 19 年前，在我进华梵大学教书第一年的第一堂逻辑学课堂上。这是一门通识课程，选课人数只有12 位。小班教学能让新手教师使出浑身解数：范恩图解法、哲学方法论、奥瑞冈式辩论比赛等，师生皆热烈投入"共享知识的芬芳"和"知识的喜悦"！煜杰的逻辑推理能力在当时即表现出色，后来他陆续选修了"思维方法"和"哲学概论"这两门很硬的通识课，似乎养成了在艺术创意中融入理性分析的习惯。他独具风格的表现，早已青出于蓝。华梵的师生一向很自然地在课后保持着交流、互动的习惯，因此常会听到他谈参加登山社的拓荒、溯溪，担任摄影社社长办演讲活动等等各种顺境、逆境的经验。印象中 10 元阿婆的故事即是闲聊中的一个令人动容且励志的话题——师生自期能尽己一份心力，帮助别人跳脱困境、渡过难关，即便是小小的尽力而为，都可以启动社会美好的善循环。

愿力可以转化业力！

煜杰正是因为希望别人不要再和自己一样经历同样的痛苦，所以设法熬过苦境，一旦出离了苦，乐即立现。这不只是带来考取执照的快乐，愿力还会让原本在做的事，转成深具意义、极富有价值感和成就感的事！

能给自己所做的事"赋予意义"，然后认真对待每个重点细节，也帮助别人认真地对待。"进技于道"是让技术专业不停留在"匠气"的一种转化，反而能造就"匠心独运"的极佳表现。

这本著作对我来说，就和十多年前为了帮煜杰写研究所入学推荐函，看到令人惊艳的建筑作品集一样，专业成果有目共睹；但不一样的是，多了"专业成长"的动态历程，也多了"成长专业"的愿心和愿力，这些正在不断地发酵和扩散……

美好的循环正在开始。

华梵大学哲学系 / 人文教育研究中心
副教授 王惠雯

推荐序 4

我心中万仞宫墙、
日就月将的人文建筑师

· · ·

在建筑师考试中"建筑设计"和"敷地计划"是属于快速设计术科，必须在短时间内理解题意并实时作答，手绘加上似乎没有标准答案，因此如何在众多竞争者中脱颖而出，画出令人惊艳合理的设计，获得阅卷老师的青睐而出线，这就有赖专业老师的引导与同好相互切磋来增强自己的实力。

而我虽非建筑本科出身，但对建筑设计充满兴趣与热情，即便是土木结构相对专业的我，也思考着要如何跨出自己专业去学习，了解建筑与空间设计其中的奥秘。因此，没有选择坊间的补习班，反而根据自身较欠缺的建筑规划设计专业而选择了林建筑师的读书会来精进学习。而经过短短两年的时间，第一年考过 4 小时的"敷地计划"，第二年考过 8 小时"建筑设计"，在读书会学习的过程中，因为有林建筑师精辟的解说，还有同好们一起讨论，分享工作上的点点滴滴，这些都是我顺利跨线，考上建筑师的主要原因。

书中的十个主要章节，没有华丽的建筑照片（其实林建筑师在建筑立面设计上是相当出色的），但每张图及其对应的文字，都是笔者在读书会为同好解惑或说明的成果，而他也把备课的内容，去芜存菁，言简意赅地呈现在这本书中，就算非科班出身的读者也能利用此书，获得最大的启发。而林建筑师这样不断精进与传承的意念，是我个人非常敬佩的。

此书由浅入深，即便是非建筑专业也能按部就班体验学习，内文铺陈从基本的学习方法和逻辑思考，针对建筑基地周边环境、社会议题、使用需求、量体估算、量体配置、环境影响、动线安排、空间元素、开放空间、虚量体、立面设计等均有独特而详尽的解说，并且将快速设计最重要的配置图、透视图、排版等技巧和记忆口诀都归纳其中。因此藉由本书，我们可以窥探建筑师如何规划构想一栋建筑，进而满足业主需求和符合法规要求，提供给使用者舒适居住、工作及休憩的空间，甚至对于国内外建筑大师们的设计意涵，均能有更深入的认识与体会。

个人日前在读书会依照内文学习步骤，深切理解不少建筑特色，如敦南富邦大楼量体安排、北投农禅寺开放空间、新生南路公务人力发展中心虚量体等，还特地跟笔者到日本关西，以走访安藤忠雄为主的建筑研修之旅，万博纪念公园（大基地、自然森林）、司马辽太郎纪念馆（新旧共存、曲线檐廊）、光之教堂（开口光影、小基地）、天王寺站前公园（幼儿设施及商业空间）、天王寺万豪酒店（日建设计、地铁百货旅馆共构、空中平台花园）、兵库县美术馆（圆弧下沉空间、版状深出檐）、淡路岛的梦舞台（填海造陆、环境共生）、本福寺御水堂（入口动线、屋顶水盘山景影射、夕照格栅光影）、ToTo海风淡路饭店（室内大梯、大海借景、联结空桥）等，在兵库美术馆现场还巧遇安藤大师签名会，抱回他的专著并有亲笔签名和速写。而从跟笔者实际走访，真切感受空间尺度与环境融合的美感更是难得的经验。

很高兴能为本书写上序言，林建筑师是我的良师益友，他不但具有万仞宫墙的学识涵养，其日就月将的精神更在建筑领域上持续精进，相信读者也可以从本书获得建筑空间设计的学习，创造更合宜的建筑空间与环境景观。

2017 年秋

日本早稻田大学工学博士
沈里通 建筑师

推荐序 5 将建筑设计过程

规格化、模块化、程序化

• • •

本书作者是长期在第一线做建筑设计的建筑师。由于在台湾建筑师资格考试补习班的不愉快经历，作者自己琢磨出一套应对这一以繁难严格著称、且通过率极低的考试。这一套方法总结而言，是把建筑设计过程规格化、模块化、程序化，"经由'三化'后整张图面的'叙事明理'可以清晰地表达个人的设计逻辑"。

全书从介绍最基本的建筑制图开始介绍，逐层深入，剖析建筑设计的构成部分，如总图（配置）、平面、景观，以及解析若干操作性较强的造型手法和图面表现技巧，并为准备考试的初试者提供了时间分配和进度控制的方案。作者尤其在书中阐明了他对建筑设计和建筑师这一职业的长期思考，如第三章中缕析了建筑师应具备的四种基本能力和四个任务，使之与考试的要求相对应，等等。

应该注意的是，台湾建筑界的某些术语和大陆不同，如书中的"等角透视图"即为轴测图，"总配置"即总平面图，等等。建筑系学生和进入建筑行业工作不久的读者可以将本书作为加深理解建筑设计、并为建筑师考试做准备的辅助读本。

加州大学伯克利分校博士
清华大学建筑学院教授

刘亦师

建筑读书会会友联名

1. AAA

是的，阿杰的考试解题技巧方法，在与业主进行先期分析时，非常好用实用，哈哈。至少是解题还未用上，已经先蒙其利啦！感恩！感恩！感恩！非常重要，所以说三次。

2. SUSIR

"推广 + 推销"，义不容辞！

最近和"金主 + 田侨仔"在讨论土地开发，就使用阿杰的量体分析公式，当场就分析给"金主 + 田侨仔"具体数据，容积、可建坪、造价，哈哈！真的！

3. 刘康钺

如果要成为建筑专业有牌照的职业者，必须面对三种磨难：

（1）学校的理论基础

（2）执照取得的派系分别

（3）职业的实战经

其它行业的新秀都是刚毕业的二十几岁的少年，唯独建筑四五十岁了往往还在建筑职业幼年当中。加上怪谬的考试制度，建筑执照比律师、医师还难取得。大家都巴巴望着特效药，希望能够标靶治疗，或是点穴开窍。

我一年多的感想是，如果你觉得考试只是个过程，那就来读书会让过程缩短。如果想开业，这里的信息绝对让你足以独立开业。

你问我考得如何：重考第一年，我

过五科！快来一起玩吧！

4. NORMAN

考建筑师怎么说，是一件很奇怪的事。

很花时间，不花时间一定不会过，花了时间也不一定会过。

很靠运气，但也不是只靠运气。

跟实际建筑操作落差极大，但也不是完全无关。

考试花的心力跟这张照的用途不成比例，但有少数人反过来。

接下来广告一下，我 2014 年裸考全都没过。后来跟研究所同学跑去读书会，首领是个 SOP①控，每年都在更新分析和画图的 SOP（我去年就过了，今年又换一套方法），这些 SOP 都是很实用的方法论，随自己的需要再根据题目作微调非常有效率，然后大概画了三十张图加上无数小图……环控跟结构也是靠读书会大家一起念才能第二年过，所以只要肯花时间跟阿杰练习，幸运之神会站你这边。

5. ALEX

那年的暑假开始要找事务所实习，听学姐说，阿杰这边很酷，会指派你一个平常在建筑师事务所做不到的工作，面试的过程，阿杰要我整个暑假什么都不要管，到牡丹火车站坐着绘图一个月。

虽然这个暑假最后没有到外旅游绘图；但是阿杰时常给予鼓励，从线条开始琢磨，总共绘制了约五张透视图、一个建筑立面设计案子，以及量体分析，是我在建筑系里头没有过的经历。

一个暑假对我有了不同的影响：

（1）学会想象和习惯手绘线条记录下来。

（2）学会开始揣测量体的空间模式，甚至更大面积地去基地分析。

（3）去看大师的建筑，为何要这样做，而非走马看花。

希望硕士毕业，能够再到阿杰那里琢磨。

6. JING

建筑师考试很累很孤独，每个人都要花费好多心思去准备，但往往不一定能有好的结果。阿杰让我们思考赋予建筑生命的意义是什么，以及对于建筑师而言，该如何处理建筑物与社会、与使用者、与环境之间的关系。

---

① Standard Operation Procedure，标准作业程序。

设计这科大魔王，是我多年的关卡，阿杰教的 SOP 不只是单单教画图的标准作业流程，而是思考每个案例，为何建筑师会如此设计？为何设计没有正解，但有依循解答的方向。从关键字，找出基地呼应位置、议题、使用者、对应的机制，就是这样的构题方向。

引领着建筑雏形的量体；六大空间的最佳化排设，五大虚量体的联结，再从平日练习的透视，去思考各层退缩空间，屋顶开放空间和一楼各入口动线，这样就完成一套完整的建筑设计思考逻辑。

还有一群温言暖语互相激励的伙伴，不论是考上或是一同正在准备的同学们，都让你知道建筑师考试不是自己一个人单枪匹马！

7. ANSON

两年前的我根本没想过这辈子自己会参加建筑师考试，因为我不认为能考得过；巧合的是有天我突然想报名，也在那阵子认识了你。在这之前我没有参加过任何的补习、家教班，从此之后我开始放空自己跟着你所安排的 SOP 练习，在星期六的早上也有个地方完全逃离烦杂，渐渐地我发现，我的手可以跟上我的脑，慢慢地也能开始用笔表达设计。

阿杰的脑中对于设计考试的方向非常清楚，也会尽全力思考适合每个人的方法、节奏，把大家推到考试需要的水平，去年考过敷地计划，今年又考过设计，我的学科也是靠读书会的朋友教学相长，我不是想吹嘘阿杰读书会的术科教法有多厉害，只是想告诉大家这里带头的很无私地带着大家前进，这里的战友也是一辈子难得的！

最后，想告诉还在门外犹豫的朋友，任何考试都有作答框架，建筑师考试终究是考试，一定有答题技巧、纰漏跟样板，考试不需要多高端、花俏的招式，这里能给你真实面对考试所需要的一切，清楚表达设计的手、清晰足以应对题目的脑和坚强坚定的心。请跟着阿杰每天练习，你会很明显看到每个礼拜自己的进步，也会很明显感受到背后强大的那一只手，这些都是考试之外无价的收获。

谢谢阿杰，还有一辈子不可多得的战友！

8. LESLIE

有幸在 2016 年加入阿杰读书会，在阿杰读书会上学到如何利用题目中的关键字去练习构思设计概念，且有一套清晰易懂的六大空间来解题，甚至记得当初草图的线条画得很差，阿杰也是亲自指导，其实蛮感谢这段期间阿杰的指导，让我能在今年通过大小设计考试顺利取得执照，在阿杰这里不只能学到考试知识，我觉得更难得可贵是，有时还有一些实务上的分享课程，谢谢阿杰用心且努力地提供这样的读书会给大家！

9. 美瑶

回想 2013 年初考试，第一次听到有人为了还愿要帮助 50 人考过大小设计考试时（现在应该已经有 200 人以上了吧），心想怎么这么好，我要赶快去报名，通过阿杰的学弟介绍，进入阿杰读书会认识了这位比学生还要认真百倍的阿杰老师（虽然他不喜欢被人叫老师）。

建筑师考试的设计、敷地计划这两科没有正确答案，比起其他科目只要念书就会过，有太多的不确定因素，掺杂了评审老师的主观意识，因此"运气"感觉很重要，评审老师的"眼"更重要，图是否要画得美美的，好像很重要，一直以来我是这么认为的。

来到阿杰读书会，超酷的！设计居然有 SOP，从读题、抓关键字、找出基地该回应的位置（包括使用者、议题、

环境）、六大空间的配置法则、定性定量、透视变形的表达等，完全回应题目的要求，让我体会到只要布局说得有道理，没有绝对的标准答案，与我同年考过的其他同学，我们的配置都不同，但我相信是阿杰教的设计方法，让我们虽然配置不同，但是仍可一起过关（布局有理很重要）。

还有，阿杰教的 SOP 可以让我们上考场不会慌乱，所有题目都能一一作答，画图慢的人其实也不用慌，只要完全回应题意，铅笔稿也能过关（我是过来人），因为"布局有理很重要"。（因为很重要，所以说很多次！）

所以图是否要画得美美的，好像不是很重要，但是三分运气还是要有。

最后我的结论是：还找不到方向，迷失在设计里的朋友，真的可以找阿杰聊聊，他将会是你的明灯！

10. JIMMY

我发现建筑师考试就像一场马拉松，如没有基础的打底、周期的训练、配速的策略，很容易就在这赛场上迷失了方向。在进入赛场前，除了基本功的累积，也先认清自我的弱点，建立解题

策略，步骤环节整合，就能够有机会完成这最后一里路。

在这最后一里路上，幸有阿杰的指导，除了扮演着教练的角色，对于建筑设计的逻辑方向非常清楚有条理，从最基础的阅读题目到议题寻找，从发现问题到解题策略、六大空间的运用，甚至到绘图的线条与图面呈现都有所裨益外，更扮演着一同奋斗的伙伴，不只是督促着我们向前，他自己也一起投入，和大家一同进化并针对每个人的程度给予适当指导。考试只是个阶段，但是准备考试的过程，更能成为自我的养分。

11. 张郅弘

建筑师考试对我来说有一个最大的疑惑，即使我之前去过不少坊间的补习班，但每每都无法了解啥是"建筑计划"，也不懂为何可以通过，也问过许多一起已经考上的战友，也无法明确表达为何考上，偶然得知阿杰这边的读书会再经由在线软件聊天后，发现阿杰把建筑设计规格化、模式化，更好的是把设计程序化，经由"三化"后整张图面的"叙事明理"可以清楚地表达个人的设计"逻辑"，我想这是最大的帮助。

编者序 HOW TO USE IT
如何让自己成为合格的建筑师

• • •

这本书诞生的目的，就是要让喜欢建筑的人，将建筑教育（包括台湾的考试）与职场真正结合在一起，并能享受建筑创作之间的乐趣。

本书作者阿杰不只投入心力，协助许多建筑人考过号称台湾最难的执照考试，他平时的业务更多是与许多知名开发商合作，绝对是真正能将培养与实务结合的建筑师。

全书的章节顺序，是以"如何让自己成为合格的建筑师"为线索，也是阿杰在多年"被折磨"经验下所参透出来的小小心得，希望年轻的建筑师们能运用这套学习方法，成为"专业建筑师"，以便大家在好不容易获得了小小机会时，都能马上在现场（尤其是在业主面前）充分展现各位的智慧与涵养。

本书充满风趣与自我解嘲的口吻，却又饱含对建筑的热情与人文关怀，希望能作为您在家的随身教练，依照不同需求进行练习。

阅读需求

一、建筑设计的基本要求 = 职场情况

优点是妥善运用建筑面积、符合法规，满足业主的经营需求。

步骤 1. 练习画造型：第二章

步骤 2. 算空间量：第四章

步骤 3. 环境或社会议题发展设计：第五章 + 第六章

步骤 4. 使议题产生变化：第七章

步骤 5. 再回到"算空间量"

步骤 6. 调整空间造型：第八章

步骤 7. 开始练习平立剖面、正式建筑图：第九章

最后　需要解决心理问题，请看第一章和第十章，充分了解建筑师的人生

阅读需求

二、建筑竞图

优点是以创意为主，缺点是接到案子才计算空间量，为造型牺牲计算的精确，常"容易产生不好用的空间"。

步骤 1. 练习画造型：第二章

步骤 2. 从环境或社会议题发展设计：第五章 + 第六章

步骤 3. 算空间量：第四章

步骤 4. 开始练习平立剖面、正式建筑图：第九章

作者序 # 我心目中的
建筑教育

我从 2008 年开始考建筑师，那时在公司担任设计总监。对那个年纪的我来说，已经达到自己想象的人生高峰了：有车、有房、有妻、有子（有钱还是比较难）。

我去考建筑师的理由很烂。一个原因是：老婆问我，未来孩子要在父亲的职业栏填"建筑师"还是"设计师"？另一个原因是老板讥笑地说："你不是设计能力很强吗？为什么连个建筑师的牌都没有？"我就这样被激怒了，开始研究怎样考建筑师，也去当时建筑教育中最有影响力的机构报名了，去攻克这个人生教育的最后一里路。

我永远不会忘记上设计课的第一天要按能力分班的事。我在课堂上很认真地完整地搬出在公司做简报和提案的功力，想让老师安排我到精英班。我无比自信地将练习成果呈给老师，等待分班的结果。老师没多久就在图纸上写下成绩，我得到人生第一个设计不及格的成绩，也被安排到基础班，从画树、画线条，重新开始……

我带着谦卑的心面对事实，决定好好重新进修、好好打底。我进到基础班的教室，蹑手蹑脚地将肥胖的身躯塞进补习班窄窄的椅子，摊开笔记，等待上课钟声，宣布补习班生涯正式开始。

没多久就上课了，老师开始常见的开场白，台湾学生也开始展现最强的"习性"——迟到，手中抱着路上买的饮料午餐，鱼贯走入教室。我用不屑的眼神打量这些人，心想，如果你们是我的员工就完蛋了！就在"完蛋"这句话闪过脑海的同时，我在那些人里头发现一个熟悉的身影——我当时的助理！妈呀！我和自己的助理是基础班同学！

画了一个多月的人、车、树、直线、抖线、歪斜线之后，我终于升级了！以为可以开始做设计，我就开心地买杯补习班楼下咖啡馆里最贵的庄园级手冲咖啡，想要一睹补习班名师讲设计的风采。

待我坐定之后，打开杯盖，咖啡香飘散，热气在我眼前氤氲开来，好像大明星上场前的干冰烟雾。我啜饮一小口热咖啡，苦涩在嘴里化开，但我的心却凉了，因为走进来的人不是网络上看到的补教设计大师，而是一个小妹妹。她笨拙地打开手提计算机，支支吾吾地开口说："同学，我们今天要讲画图的笔和工具。"此时，无言的情绪像瀑布一样把我推下深谷。我一直不记得那堂课用了多久时间，只记得这堂课我度日如年。课堂上老师巨细无遗地介绍各个工具如何在图纸上运用，我只有本着对台上老师尊重的心情，慢慢等着那堂课下课钟响，然后拎着空的咖啡杯，默默地离开教室。当然这堂课的一两个小时，只会在我生命中留下"浪费生命"的遗憾。

一周后我耐着性子继续去上课，中间我学了楼梯怎么画（我本来就会），树木怎么画（我也不太差），字怎么写（我人生的悲剧，一直不好看）；这期间我也策略式地画了几张考试规格的大图。

几周后我终于盼到那位建筑大师莅临课堂，这位老师的第一堂课便要大家呈上自己的练习，好让他展现自己作为名师的"高度"，我很期待这天。老师评图的过程中，我完全记不得别的同学是如何被讲评的，只记得轮到我的时候，等老师开口那几秒，真是让我心跳加速到每分钟 200 下，比我去建设公司向董事长汇报还紧张。最后，他看了我的图，迟疑了一下（我吸气），然后说："这张，会过。下一位。"

我再度崩溃，就这样我放弃了补习班，我决定自己的设计自己想办法。补习班再见了。

考不上建筑师，
并不等于你的设计能力不好

我从专科开始念建筑到大学毕业，整整快十年，到社会工作也很多年了，严格来讲，考试前的人生至少有十年以上的设计经历！却因为败在考卷的图纸上，一切就得从基础做起，对我来说情何以堪。我反省了很久，到底是自己有问题，还是考试有问题；准备考试的那几年觉得是我有问题，因为找不出原因，只能说自己不够努力；但考上六七年之后，再教了五六年的"考试设计"，直到提笔写这本书，才渐渐察觉问题在考试，不在我。

很多人说我太自大猖狂，但我必须说，这个考试真的问题大了。它影响国民对空间质量的定义和判断，但又无法引导大众对整体社会空间有更好的讨论与沟通，只是狭隘地要求空间专业人士达成必然的设计答案。考题预设的答案不仅没有客观的评析能力，也缺乏让人依循的操作逻辑，造成大量的专业人士每年都要瞎子摸象般，到处参加考试补习班、分享会，希望在茫茫意见之海中，找到让自己考过设计的浮木，这一切都

无形中影响他们在职场里面对真实世界的设计挑战与学习。

建筑师考试到底适不适合作为检测建筑教育的工具，这一直是业界争论不休的"小事情"。我认为建筑教育包含许多目标与范围，有人认为它是科学，要有工程师的理性与精准；有人认为它应该要像艺术家一样，感性处理这个世界的空间讯息；有人认为建筑师是一个身价的象征，或者认为学建筑或做建筑的人，要有慈善家的淑世远见。综观各方意见，加上自己在业界的执业经历，也教了一些人考上建筑师，就整理一点小小的个人观点。

建筑师考试与人才培养关系密切

台湾建筑师考题其中有两科我们称为"大设计"（要考8小时）、小设计（要考4小时），这两科的题目，我认为代表了建筑师培养的复杂程度，主要是出题的观念很好，题目融合了社会议题、环境问题、构造与美学。因为题目都是由著名的建筑师出题，这些文字代表大师们向业主说明的设计概念，思考的层

次比业主高，我通过"参透"的过程，
理解了我们可以运用的内容。

　　希望本书让想从事建筑的朋友，能
好好体会建筑设计的乐趣，进而在考试、
提案的人生旅途中，得到多一些协助。

CHAPTER ONE

开始当个建筑师·

这里说的是态度——
讨论一个建筑师该有的心理素质。

打开书本前，先打开建筑师的
眼、手、嘴、心

我相信每一个有志建筑的人，都愿意从零开始；
但是这个"零"的圆满程度、是否**具备值得信任与尊崇的内涵**，
有必要讨论，更有责任改变。

开眼

首先，教设计先教眼睛吧！但不是要让教学或学建筑的人多吃鱼油，而是希望正在学习建筑的人都能懂得放开心胸看世界，让眼睛和大脑同步运作。我教的学生中，有尚未工作过的菜鸟学生，也有快退休的资深前辈；菜鸟学生通常专注建筑的美丑和建筑师这个身份的价值，资深前辈通常过于专注自己的设计经验，不愿抛开既定的设计观点。但是，建筑有趣的地方不就是让你拥有更敏锐的感受，去观察这个世界吗？相对来说，如果建筑教育少了带建筑学人开眼界、开心态的功能，不就只是无聊的模型制造工作吗？

练手

数字化工具的功能，只是要缩短脑子到完成建筑构造物的距离。但从脑子到概念成形的最短距离，只需要一张干净的白纸和一只简单的铅笔，就能提供连贯零阻碍的思考过程。所有正在学习建筑的人，希望无论你最后以何种方式呈现建筑构造物，中间过程都能有大量的文字和画面，再点点滴滴地将你想到、看到的小小讯息，转换成空间语汇。

也希望在建筑教育第一线的人，可以更细致地体会每位建筑学人的思考过程，别让那些可能改变世界的想法和观念，不经意地在言语间溜走。

动嘴

在我这个小小的读书会，有一个很重要的训练过程，我称为"文字分析"；有人说这很象是在练习和自己聊天，有人则说分析完还没画图，设计就做完了。这说明了一件事——设计是动脑的

工作，而表现脑袋思考最直接的方法，就是动嘴。"动嘴"会让脑中的片段想法开始联结和组织，最后变成一个故事，让做建筑的人变成可以用空间讲故事的人；那么这个工作或教程，应该就不会是无聊的技术和流程了。

开心

"开心"可以指愉悦的心情，也可以指对事物的开放心态；两者都是做建筑和学建筑时该有的修行。

第一个需要"开心"的事，就是学建筑不需要当画图高手，不要把建筑系当美术系在念；更不要觉得没有辉煌学历，就认定自己不是做设计的料。严格来讲，画画是建筑人描述空间的方法，需要简单的线条，不需要高深的技法，就可以享受用笔看世界，用笔想象空间的乐趣才对。教设计这么多年，我最开心的上课对象有三个：两个是毕业很久的妈妈，她们在职场上的生活，不是以设计为主，一直到小朋友上大学才重拾画笔；另一个是一位日本结构博士，因为在大学就职，画画这件事更不可能在他的生活中有太大分量。

不过也许是如此，他们没有在建筑教育中受到太大的画图挫折，反而更能单纯享受设计的乐趣吧！他们三位没有画图美丑的包袱，他们的建筑设计也从未面临过学术和职场既定要求的经验与压力。在准备考建筑师的过程中，无论是重拾或初拾画笔，都放开心胸在考试的虚拟世界当纸上建筑师，尽情地用空间反映他们观察到的环境现象，用建筑构建环境样貌。他们就只是开心地学习设计，也许练习过程中有很多时间是在痛苦地反覆磨炼基本功，但看着自己不断累积和成长，也获得极大成就感；最后甚至可以有效率地用两至三年的时间，取得建筑师这张"牌"。

但最让我开心的是，当他们离开考场，重回职场，也能发挥准备考试时建立的环境观察能力与空间手法，多棒啊！我也常常在课堂上说，请各位考生好好享受，没有老师和业主干扰的设计时光，这可能是人生唯一的机会和时间了。

当快乐的建筑师，从毕业那天开始修改

建筑师考试象是他们人生迟来的毕业考，藉此学会为自己努力，有更多能量追求人生的广度与高度。如果这个考试在未来变成单纯客观的能力评判机制，进而成为建筑系所的毕业资格考，我相信将诞生更多能帮助社会的空间专业人士，而不是让业界的专业工作者，把大半生对建筑的热情与能量，耗在不太客观的考试制度上，空转了自己的人生。

TITLE 1-2 世界上只有一个 考建筑师的理由

成为建筑师无论是为了征服建筑地景，
还是为了打造每个人最温暖的居所，那都没有关系，
因为**背后都有你心目中的"成功"**。只要唤醒自己的成功基因，
懂得为自己努力，那应该没有做不到的事了。

我还是学生的时候，有一大票刚从海外学成归国的洋派老师，他们和国产派的老师有很大的不同——充满自信、穿着不凡、谈吐生花，就是很厉害的感觉。那时候台湾的城市景观，进入第一次进化，很多人认为是这些海归洋派建筑师带来的成果与影响。时至今日，这些当年被我们用崇拜眼神仰望的老师，也渐渐变成建筑专业领域的大师。

我们那时想当建筑师的原因，是希望可以跟这些老师一样帅气、有自信，并且名利双收。没过几年，我们这群建筑系的毛小孩毕业要进入职场了，准备大展身手，整个环境的变迁却像老天爷在开玩笑一样，掉进景气寒冬。这些老师赚不到大钱，纷纷收掉事务所回学校教书，当个专职的教书匠；他们少了发表作品的机会，眼神中本来的自信光彩，象是老旧的小灯泡，无力且黯淡。

我们的学弟妹还是受教于这些老师，但不再用崇拜的眼神看待学建筑、当建筑师这回事，而且不敢太快毕业，因为不想太快面对冷淡的设计工作。而除了这些菜鸟设计师对职场未来感到茫然，还有一群人也感到无力，这群人离开校园四五年了，在设计的职场像浪人般沉沉浮浮，很清楚那些光鲜亮丽的大师，付出的代价与回报其实严重不成比例；这群人熟悉设计

● ● ●

的每个过程与细节，但千篇一律的设计行政工作，让他们对未来的美好想象渐渐破灭，也因为要面对生活压力，而开始对自己的生活感到无奈、不满与没自信。

什么叫成功？

当学生的时候，觉得帅气的老师是成功范例；进入职场后，觉得很赚钱的老板是学习目标；但是终于有一天自己当老板了，反而羡慕同事当小小上班族的自在生活。

人生每个阶段都在摸索成功的定义，有的人目标很大，给自己很大的压力；有的人在乎自己的小小幸福会不会被抢走。其实，成功很单纯，某天我去上班的路上突然想到：成功只是一个状态，一个可以让你觉得安心自在的状态。

刚满四十岁，有房子、有车子、没贷款压力、可以让小孩常常出国玩、不用加太多班，有多点时间陪家人，而在工作与家庭之外，还有能力发展自己的兴趣，并且有不错的成果。我想这应该够好了吧，对我自己来说算是成功了吧。

上班前投资自己一小时，
打造成功基因

　　"建筑师"这个头衔，对我而言没有太大的财务帮助，但有一个影响我一辈子的改变——"上班前，先投资自己一小时"。大部分的人在经历懒散没效率的校园生活后，完全习惯当一个人生被安排的生活机器人：跟着课表上课、考试；跟着打卡钟上下班、跟着行事历参加一堆不痛不痒的工作会议；除此之外，上课为了当爸妈的乖小孩、考试为了当老师的好学生、工作为了当老婆（先生）的经济支柱、争取绩效为了当老板的好员工。

　　但是为了考试，我学会"上班前投资自己一小时"。我找到一个为自己好的方式，我在这一个小时认真　书准备考试，每天都能为考试、为自己做一点点努力。考上建筑师后，我还是维持着"为自己努力一小时"的习惯，也成立"建筑读书会"，帮助二百多人考上建筑师；我用这一小时学习新的设计工具，不断增加自己在事业上的价值。这样的生活步调变成我的"生活习惯"，让我充分感受到自我成长的成就满足。

　　没有人考上建筑师的过程是不需用功、纯粹靠天份的；而"考上建筑师为自己加值"正是一个很好的目标，单纯又明确。能够为这个目标养成"为自己努力"的习惯，就大概没有任何事难得倒你了。

CHAPTER TWO

练习有双建筑手·

训练你的手和眼，打开对空间的感受力。

现在开始
练习设计：透视临摹

建筑设计是眼、手、脑的共同活动，
"眼"是**强烈的三维空间思考**，
除此之外还必须加入**复杂的文字化和逻辑推理**。

我们在求学过程中比较欠缺将思考和手上功夫联结的思维整合训练。要达到这样的思考目标，必须像运动一样从基本动作开始练习和热身，而设计的基本动作就是"临摹案例"。临摹案例是一个纯粹的"输入"过程，没有太多复杂的判断或分析，只需要建立一个标准的临摹过程，这个过程就象是计算机程序，它会告诉大脑该如何判断案例的组成与特殊元素。

当大脑有了"空间阅读"的习惯，只要面对不同的案例或真实的空间环境，马上会强烈地感受到差异，这个差异将进一步刺激你思考与记忆。

然而要养成练习的习惯并不容易，就算养成了，若是不幸中断，再找回练习的手感也一样不简单；这时候若能进行单纯地画图、有系统地临摹，就像大侠练功前的沐浴净身一样，可以很快将心境带回设计模式，快速找回设计思考的熟悉感。

NOTE

· 要有步骤地分析与临摹案例，不能照抄。
· 临摹案例有助于快速进入设计模式，找回设计的手感。

适合练习的案例 ×3 原则

　　虽然台湾的建筑设计不太被国际媒体关注，但是，其实我们身边有很多很好的案子。在开始找练习用的案例时，我们应该先关注 3 个原则：

① 量体单纯

② 有丰富细节

③ 量体层次清晰　　　我选了五个案例给大家参考。

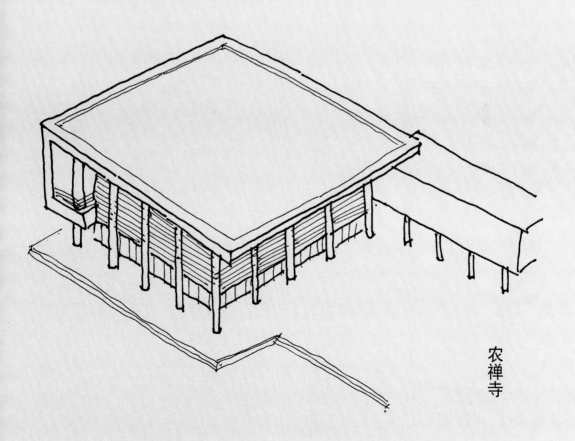

农禅寺

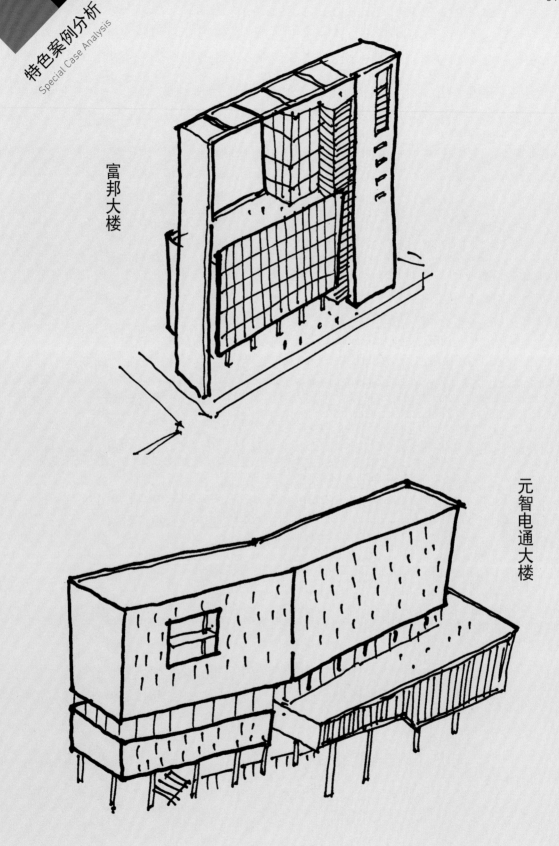

富邦大楼

元智电通大楼

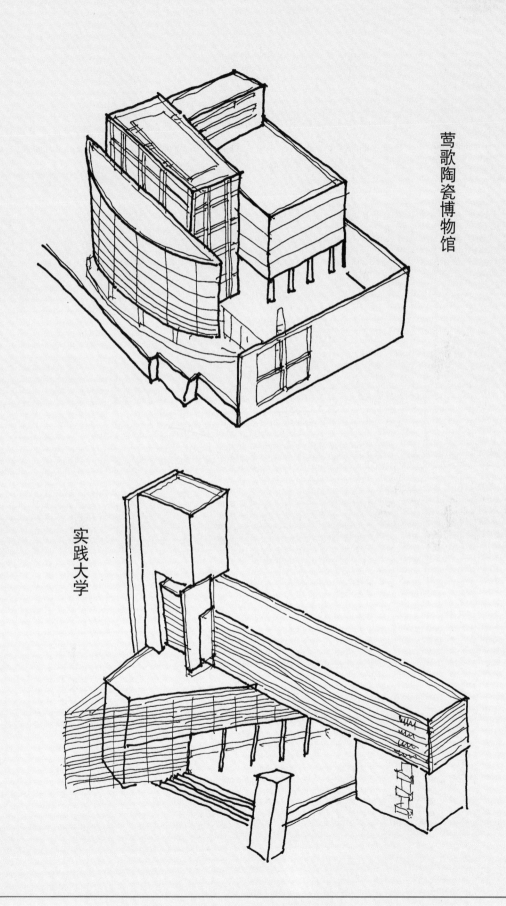

莺歌陶瓷博物馆

实践大学

一步步
分析案例

案例是他人思考后的精华产物，
分析时以简明直接的步骤将**建筑物化整为零**，
也形同**掌握核心概念**：概念累积得多了，
自然能培育出**属于你自己的发挥空间**。

有抄有保庇之美好的案例临摹

每一位学设计的人应该都有一种焦虑……就是怕漏看别人看过的案例！在那个没有网络的时代，要对付这种信息焦虑症，最大的镇痛解热剂就是那些洋书店的橱窗，只要一进到书店，贵的便宜的都不是问题，只想找到"那本书"，就是别人没看过的那一本！省下买 Levis 501 牛仔裤的钱，只为了买那本又大又重的精装书，骑摩托车还要用大腿紧紧夹着，深怕过度震动会让书有丝毫损伤。

但这些购书的艰辛都不算什么，真正的灾难是买回家之后才开始！先是兴致勃勃地翻了半天，竟然发现没有半张照片跟自己的设计作业有关，英文不好的人连里面的说明都看不懂。这时开始有点后悔，当时应该买牛仔裤的，于是决定发挥没买牛仔裤的代价，就从中挑了一张漂亮的照片，通常就是让自己决定买这本书的那一张，而且整本书还只对这页有感觉。

在那个没有计算机的类比时代，挑好照片之后除了亲自手绘，实在没有别的办法把这些女神般的图片用在自己的版面上。没错，只能认命花很久的时间，把书本里的美图转绘进自己的作业，心想："牛仔裤，你死而无憾了！"再带着花大钱的后悔心理，把那张彻底临摹失败的手绘版美图，连同丑的模型一起带进评图教室。当同学把每个人的作品在评图台上一字排开，你立刻在心中暗暗骂街，原来是另一位同学也翻到同样的案例，而且还是在廉价的装潢杂志上发现的，那位同学就因为杂志廉价所以不心疼，直接把图片裁下来，贴在自己的图面上……他赢了，他的设计赢了，

而且钱也花得少。

老师从来没教过怎么看案例、怎么运用。出了社会从事设计工作的时候，业主也不会让你有机会参考案例，而是"照抄案例"。我相信大家都听过"抄袭是创作的一部分"，这句话非常正确，但我想改成："透过原汁原味地抄袭（临摹）美好的作品，让手、脑、眼、心把作品的每一分都刻进身体里，变成个人创作的养分。"有了这样的心情之后，就可以开始进行临摹案例。

● ● ●

 第一步 先找有案例全貌的
鸟瞰照片

建筑师考试的透视图，着重图面说明能力，因此太过情境的透视图不会是得分原因。若要有效运用案例，可以先从具有全区鸟瞰图的案例着手，这类的图片最容易在竞图相关的期刊或网站找到。

全区鸟瞰图的最大特色，是可以清楚看到建筑的量体安排、立面的细节分布、各个主从开放空间配置的联结与排列。当你在正式开始临摹案例前，必须有准备好的资料，作为临摹前的分析与研究。

 第二步 分析量体的
构成

大部分的人在学生时代都学过基本设计，而基本设计的原理与目标，是为了让设计人掌握图画里的各项绘图元素，在比例、排列、色调上的相互关系。用在建筑上，可以是建筑立面的量块、材料、细部等建筑元素的安排与设置。

开始描绘建筑案例之前，应该先用平面、立面，甚至剖面等 2D 图画进行理性分析，因为建筑可说是由几何连续形成的，进而围塑出有意义的空间。在还没示范如何临摹之前，请大家先用空想的，想想一些著名的建筑案例。

案例说明
Case Description

总统府

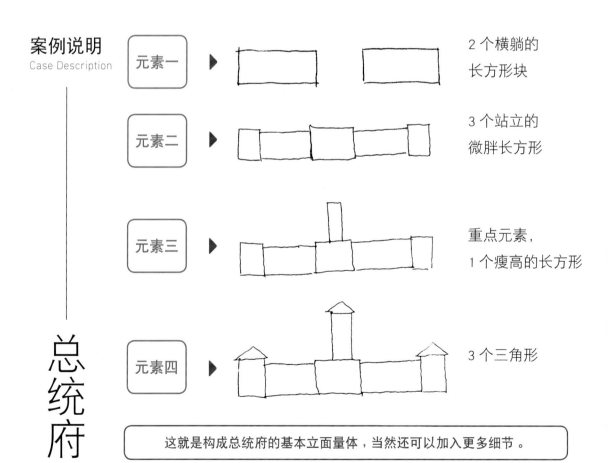

元素一 ▶ 2 个横躺的
长方形块

元素二 ▶ 3 个站立的
微胖长方形

元素三 ▶ 重点元素，
1 个瘦高的长方形

元素四 ▶ 3 个三角形

这就是构成总统府的基本立面量体，当然还可以加入更多细节。

你问我最后那本跟牛仔裤一样贵的书到哪里了？随着期末评图一起被堆到床底下，和那些不能曝光的美女写真集一起养灰尘。

A —————— 量体拆解／富邦大楼 立面拆解

① 一个大冂形框，框住整个建筑

② 冂形框内有个漂亮的玻璃块体

③ 玻璃块体被四根柱子架高，像飞起来一样

④ 块体的后面有两片大墙，像背景般成为有层次感的背景量体

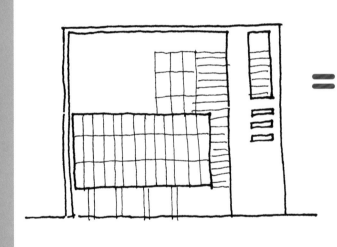

=

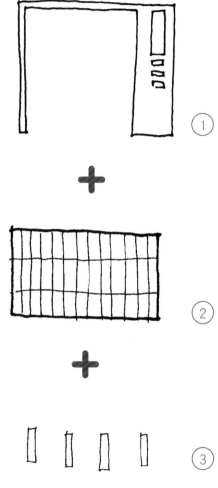

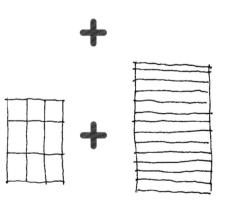

A —— 量体拆解 / 富邦大楼 平面拆解

① 大∏形框，其实是一个中间镂空
的框架

② 玻璃量体在平面里，其实又大又
笨重的卡在∏形框里

③ 产生层次感的量体背景，小小
的，还分了两个

④ 玻璃量体化成薄薄的外墙

⑤ ∏形框上的格栅

①

+

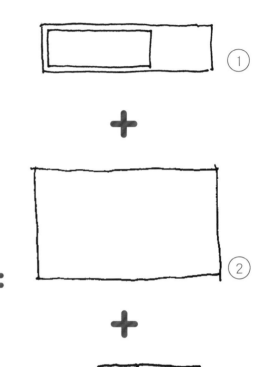

②

=

+

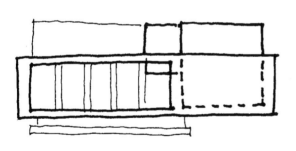

③

+

④

+

⑤

B

案例 / CASE

———— 量体拆解 / 元智电通大楼 立面拆解

① 案子的最上层很多开口的量体加上一个空洞，像是挖了一个洞的菜瓜布

② 用几根牙签撑住上面像菜瓜布的量体

③ 再加一个菜瓜布，但只有左半段

④ 像美工刀片的量体

⑤ 再加入几根牙签，中间有个平台和楼梯穿越其中

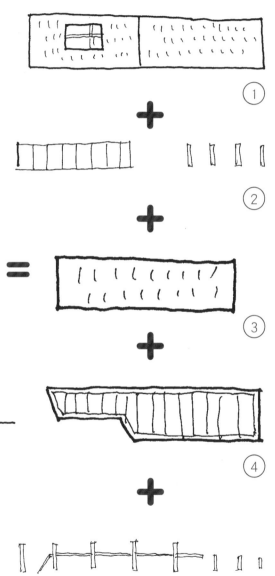

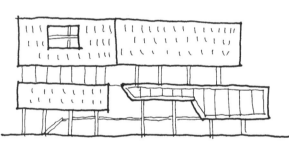

B

量体拆解 / 元智电通大楼 平面拆解

① 弯弯的纸片构成平面的主量体，
   左边用虚线切一个破口

② 像美工刀刀片的量体在平面只是
   简单的方盒

③ 左半边有一个歪斜的玻璃量体

④ 穿越建筑中心的平台阶梯

①

+

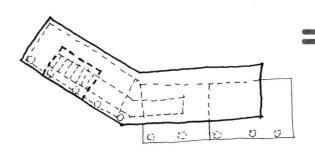

=

②

+

③

+

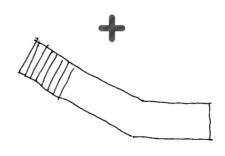

④

案例
CASE

C ———— 量体拆解 / 实践大学 立面拆解

① 水平的主要量体

② 加入水平的分割线和两个小开窗

③ 地面层的阶梯平台

④ 右边的独立量体，加上两个小开窗

⑤ 左边的水平量，往上撑住第一个主要量体

⑥ 加入水平的分割线

⑦ 像菜刀的垂直量体，用两根棍子撑起来

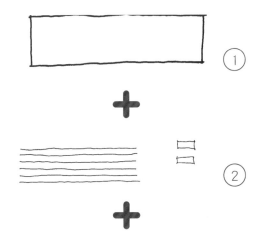

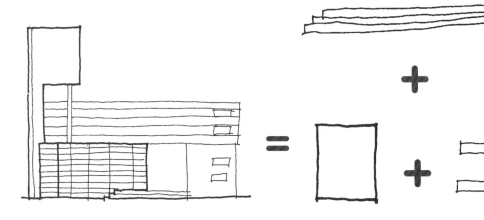

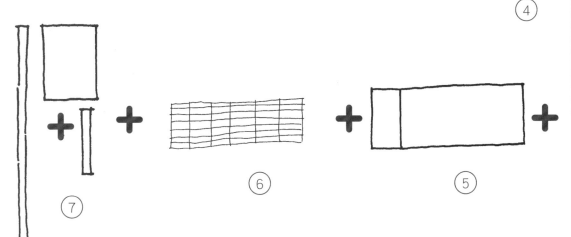

案例 CASE

C —————— 量体拆解 / 实践大学 平面拆解

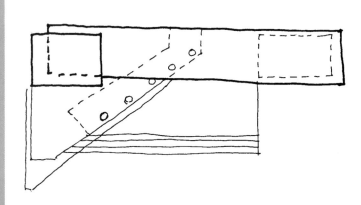

① 右边的小量体，像菜刀的垂直量体

② 细长的主量体

③ 很小的平面

④ 阶梯平台

⑤ 斜斜插入开放空间的量体

⑥ 包裹在斜量体外的水平分割线

=

① + ② + ③

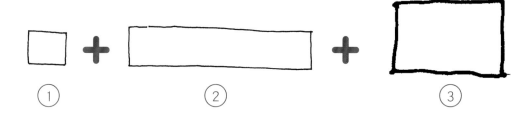

⑥ + ⑤ + ④ +

TITLE 2-2 等角透视图的 四大完胜点

大家都知道做设计的人要看案例，但不能像前面几页那样只是傻傻地看，还需要"可执行"的方法将案例输入脑子里。要做到输入，除了照抄，还有前页说到的分析成平面、立面，再转绘成透视图。这里要强调一点，透视图指的是等角透视图，不是灭点透视图，我来跟大家说明一下理由：

不能隐藏缺点

"等角透视"是现实中不存在的视角，既不能美化建筑，也不能隐藏缺点。只能老老实实地完整表现特定角度下的建筑。

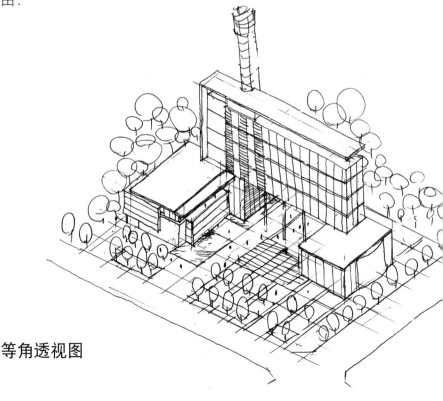

等角透视图

能够驱动绘图者思考

等角透视其实是平面与立面的组合，并且是组合后的思考延伸。如果看一个案例时有先分析平面和立面量体，画等角透视的时候，就是重新提出脑中的分析图像与结果，并加以组合。组合的过程除了强化对案例的印象，也会找出最早画平面、立面分析图与华丽照片中，没有发现的部分，也就是被视觉习惯蒙蔽的部分。当你发现这些有趣的隐藏角色与细节后，才算完成对这个案例的体会与观察。

二点透视图

有助于思考建筑量体与环境的关系

灭点透视图最美的地方，是透过视点的移动，在图像上放大与压缩空间；既可以放大漂亮的部分，也可以压缩你没想清楚的地方，这通常会是设计思考最重要的部分——环境。但是画等角透视图时，少了视点移动的优势，必须诚实面对环境特质与问题。

画平面的时候，想的是地点与相邻环境的关系；画立面的时候，想的是垂直向度上，机能与量体的关系。这些图画思考很难带入 3D 的量体整合，如果在学习案例时能以等角透视的方式临摹绘制，就可以让脑袋提早习惯将整体环境带入设计思考。

可代表所有考试要求的图画

无论是高考、特考、建筑师考试，都会要求很多设计图画，例如配置图、立面图、平面图。以我们读书会要求的设计操作流程来说，透视图会先于平面、立面和剖面图，这时等角透视图会是最早完成的正式图面；在时间紧迫的情况下，具有尺度和比例的透视图，理论上可以作为配置图、立面图与设计说明的替代图画。

NOTE

画等角透视的好处
- 显示所有的设计重点
- 驱动大脑图像化思考
- 完整结合建筑与环境的
- 可作为有比例与正确尺度的

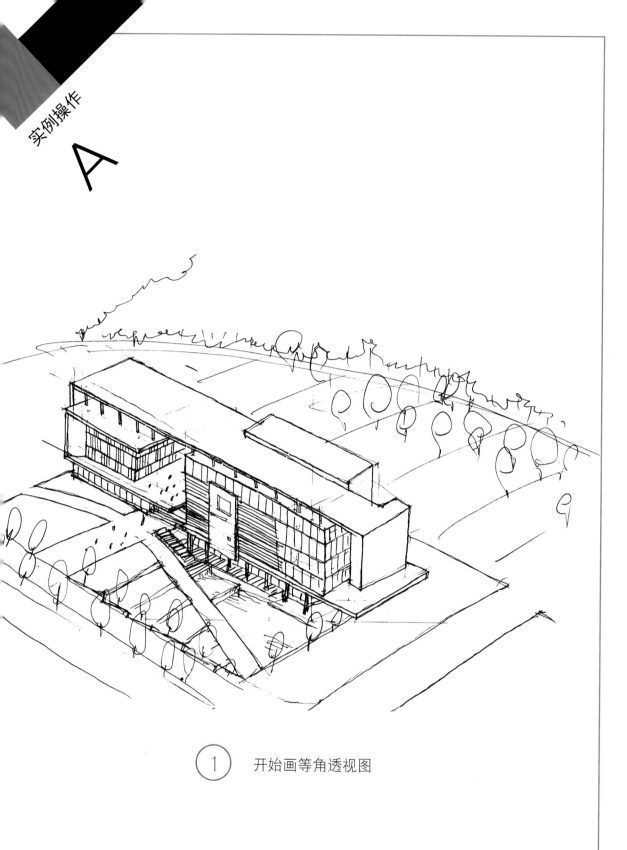

① 开始画等角透视图

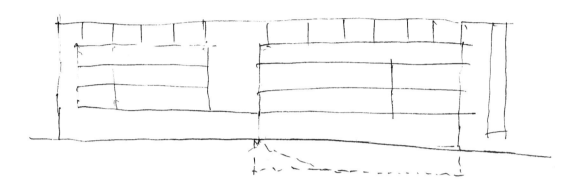

② 眼中对案例照片的立面想象

（请参考 P014 的量体拆解）

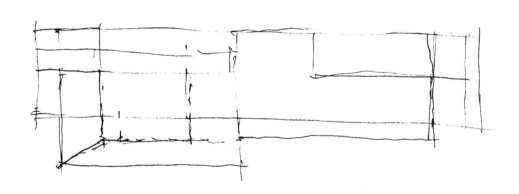

③ 眼中对案例照片的平面想象

（同上）

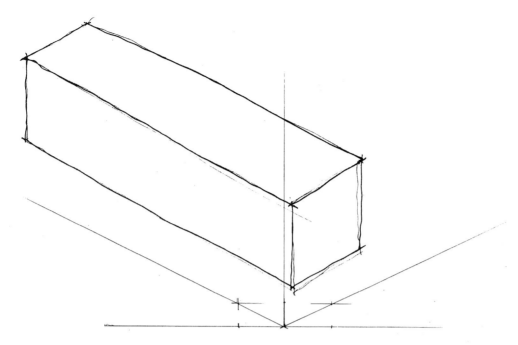

④ 画出笛卡尔的坐标轴，当然也是你画这张的参考轴线，并且画出一个阳春量体

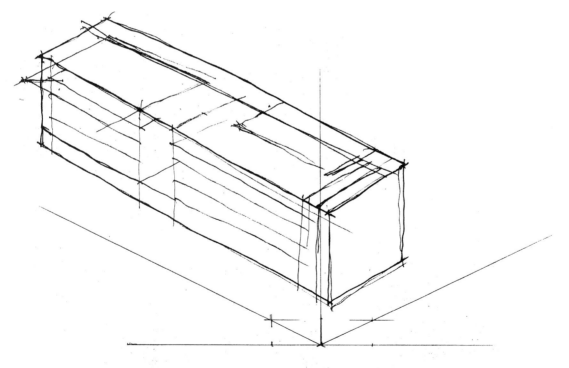

⑤ 把刚刚画的眼中的平、立面，参考坐标轴的角度，换个方向，映射在"阳春量体"的立、平面上

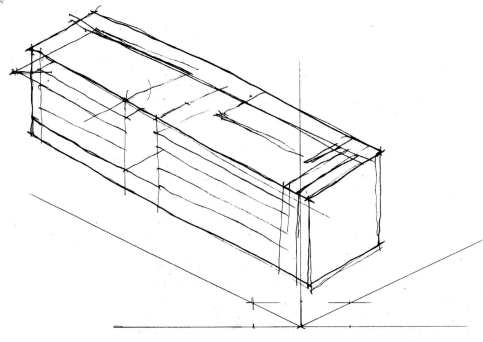

⑥ 同前面加强一下轮廓

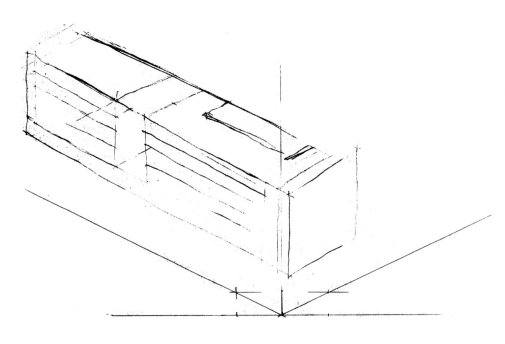

⑦ 用橡皮擦拭去一些不必要的参考线或废线。
要能感觉到橡皮擦其实是画笔的一种

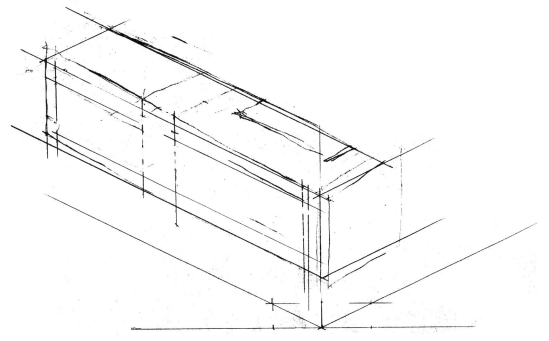

⑧ 再利用尺和坐标轴，帮刚刚的图重新做水
平、垂直的定位

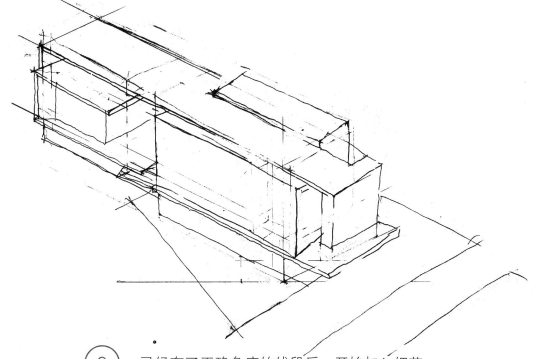

⑨ 已经有了正确角度的线段后，开始加入细节

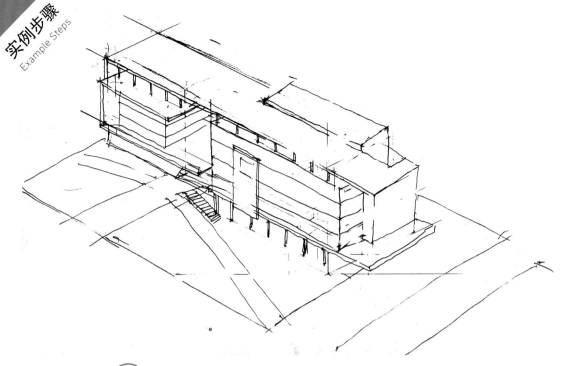

⑩ 加入楼层的分割线，加强图面的立体感

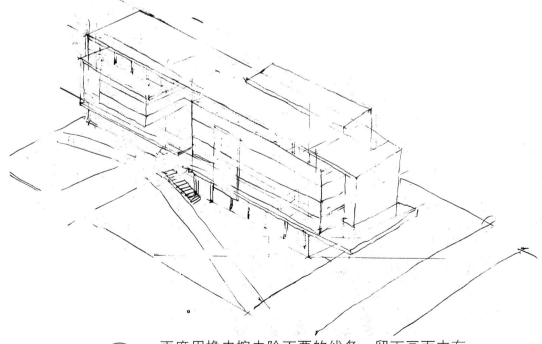

⑪ 再度用橡皮擦去除不要的线条，留下画面中有
意义的线条

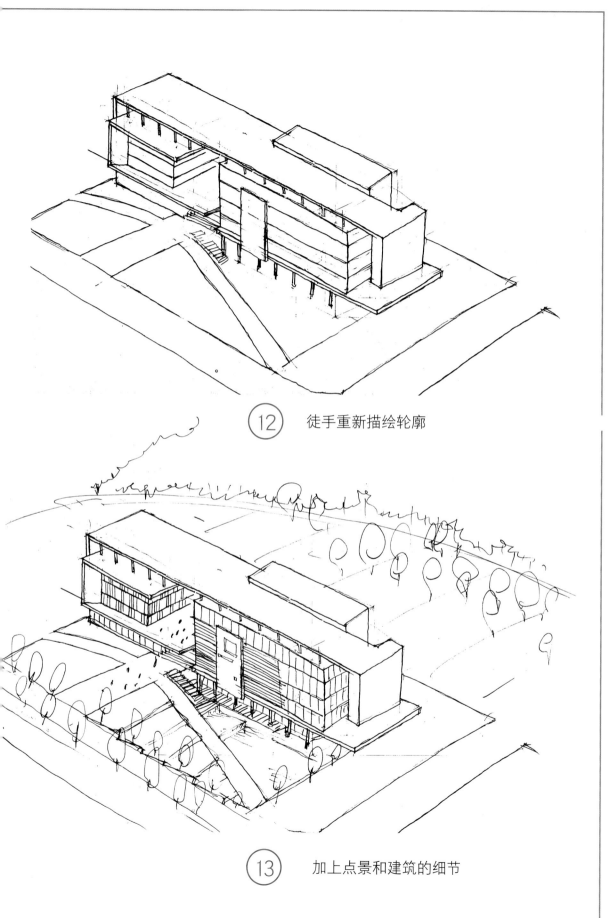

⑫ 徒手重新描绘轮廓

⑬ 加上点景和建筑的细节

实例操作 B

巴西 Sap Labs Center

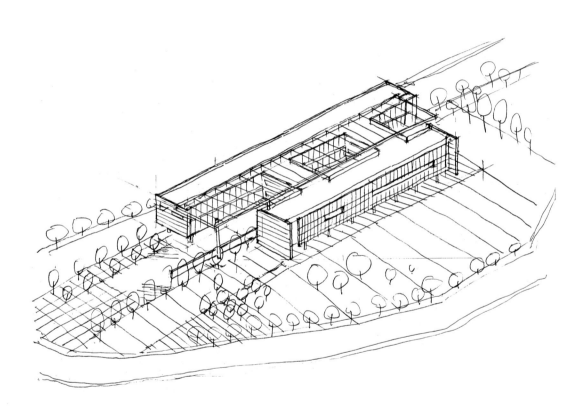

开始画等角透视图

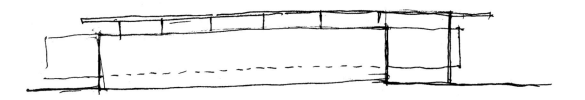

轻松画的案例立面图

 (A)

分析出它有薄薄的漂浮顶盖和厚实
的量体中，有用短柱支撑的空隙

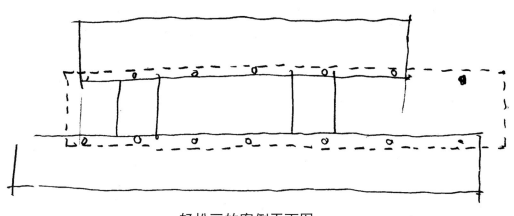

轻松画的案例平面图

(B)

漂浮的顶盖其实是两个量体中间的
半户外空间

① 画出笛卡尔的坐标，让自己知道，建筑物要跟着三条线跑

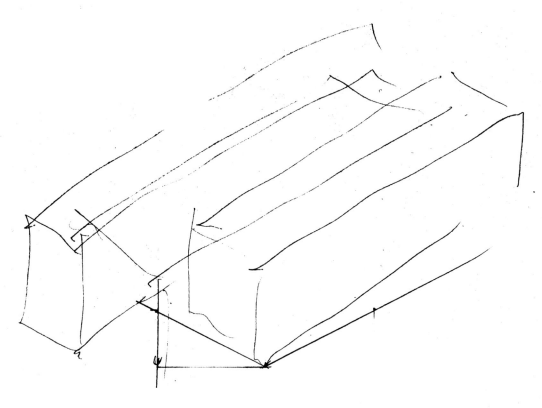

② 不要想太多，很快把你看到的、分析完的
量体，沿着坐标线画出来

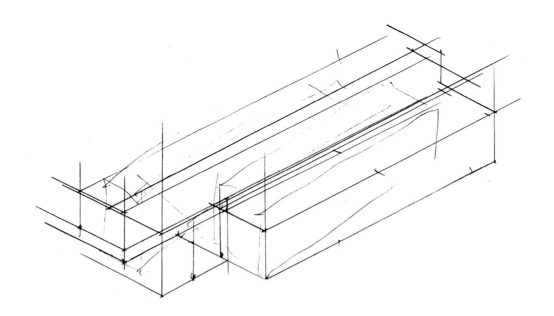

③ 乱七八糟的图，参考坐标线重新拉垂直与
平行

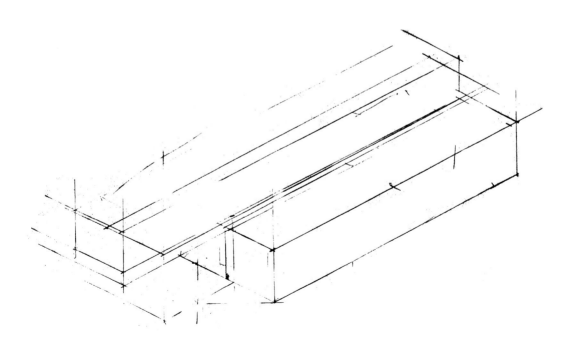

④ 用橡皮擦擦掉不要的线条，留下正确的线段

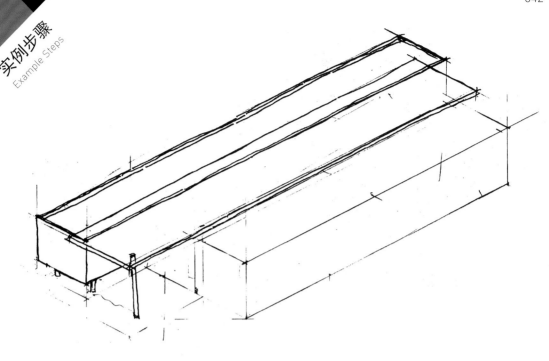

⑤ 把量体的外框，先稍微加重线条描绘出来

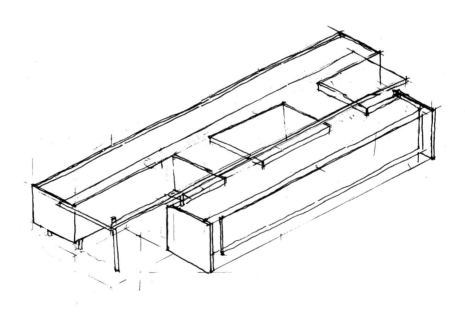

⑥ 将量体内，画出不同进退变化的"次要小量体"与"层次"

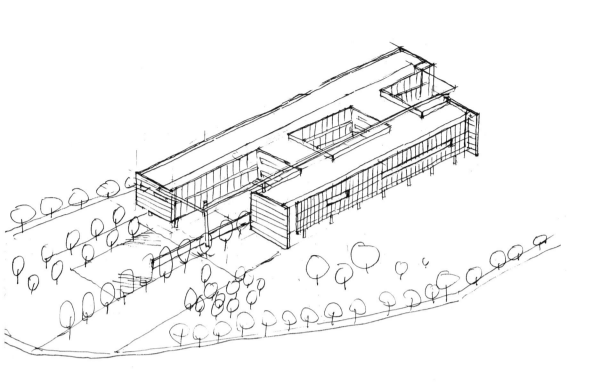

⑦ 加入地面的景观与立面的细节

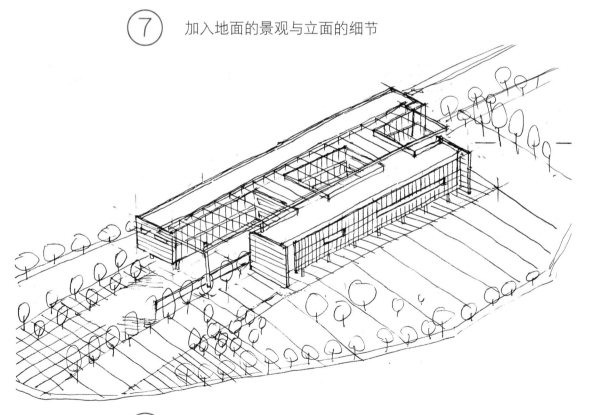

⑧ 加入地面细节和半户外空间的格栅，完成

案例转换
与图面风格

TITLE
2-3

案例思考是在练习基本功，既然**是基本功**，就**没有速成法**；
但是跟运动一样，要学好正确动作，才能稳扎稳打。
最后也要建立个人的建筑造型风格。

让大脑熟悉做设计的许多小动作

大脑就像一块肌肉，"做设计"就是像跑步、游泳一样的大脑运动。运动时要练习一些基本动作，让肌肉记住运作的感觉；做设计也一样，若想要产生自己的设计风格，就要让大脑熟悉很多做设计的小动作，然后逐步将这些小动作串成一个连续过程。如果过程流畅，代表你已经有了自己的设计风格和哲学，就像一个厉害的设计运动员；如果画图时还是会不顺、卡卡的，就像动作不协调的运动员，成熟度可能比普通人还差。

就像练习游泳一样，练习设计时，也可以藉由模仿来训练肌肉完成记忆动作。而我们读书会有两个趣味练习：一个是案例变形，一个是重复临摹。

拉升、推移、旋转、缩放

案例变形是挑出我们喜欢的案例，利用"拉升""推移""旋转""缩放"，变形案例中的量体元素，并且与我们正在设计的目标，做形体上的结合。这个练习做久了，会强化我们对建筑学的量块、形体的感受与反应能力。

另一个重复临摹，是一次将十个以上的设计案例，套入同一个基地，用不同的案例在同一个基地里，产生设计过程的化学变化。

　　这两个练习都像游泳、慢跑一样，动作学会了，速度和距离就会突然大幅成长，让你觉得自己不一样了。"喔耶！"的感觉是做设计很开心的成长经验。

　　接下来，我示范两个案例，教大家如何将"案例分析"转换成"自己的设计"。

转换示范
Demonstration  转换案例的立面元素，
成为自己案子的立面

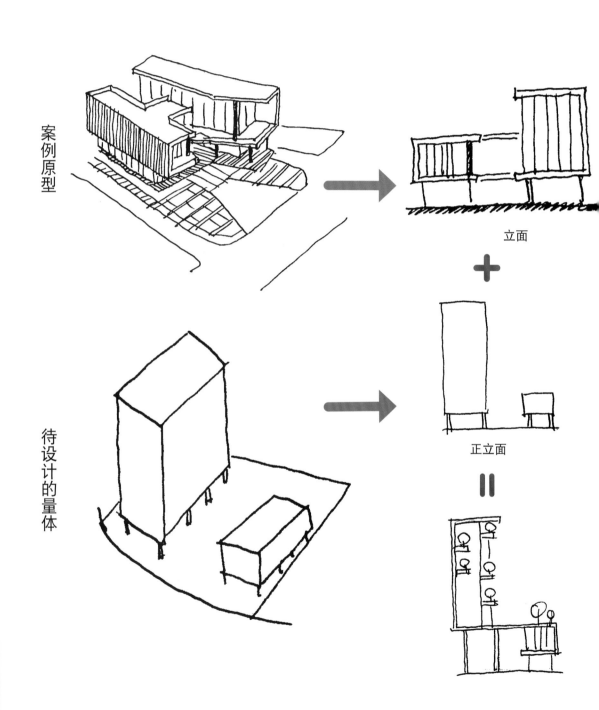

案例原型

立面

待设计的量体

正立面

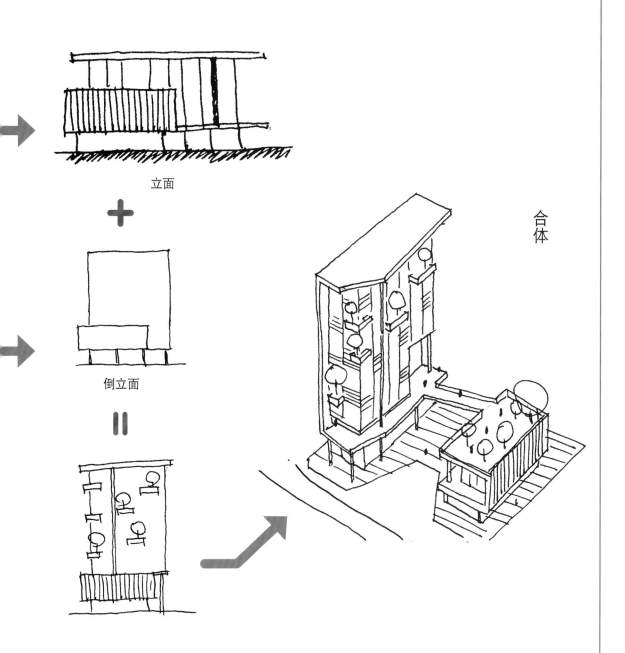

立面

＋

倒立面

＝

合体

转换示范
Demonstration

B

用案例的平面元素，转换成
自己的设计元素

原始案例

待设计的案例

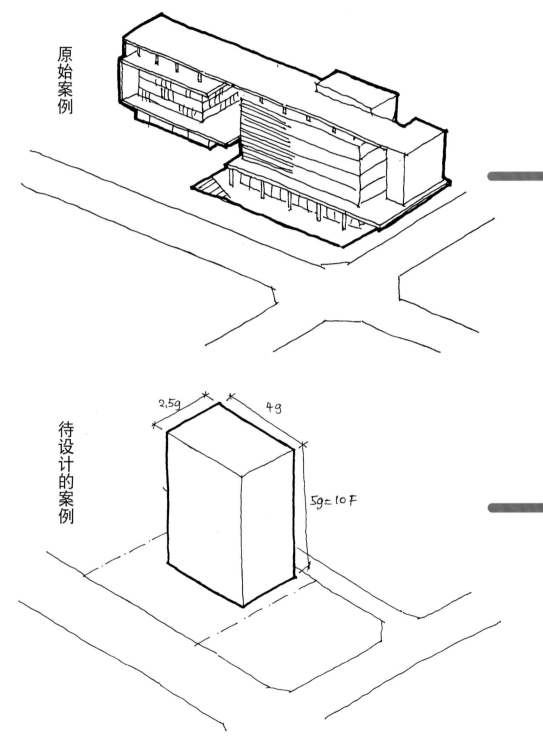

2.5g

4g

5g＝10F

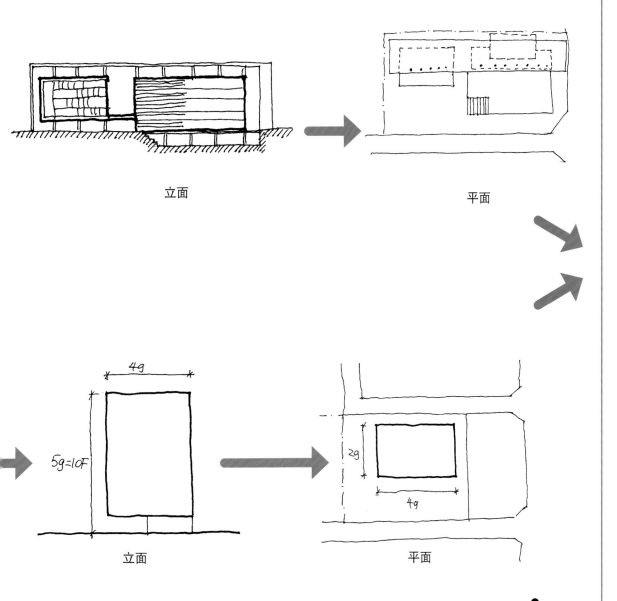

立面

平面

立面

平面

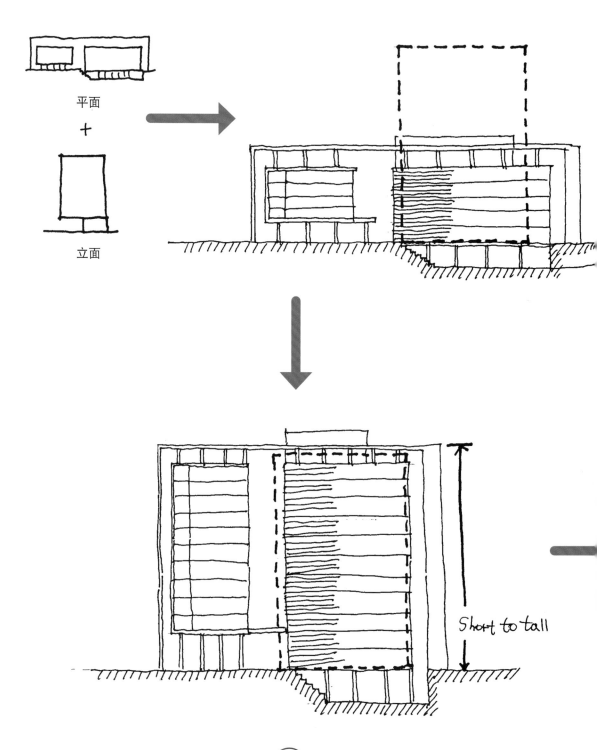

平面

+

立面

Short to tall

STYLE (1) 长高

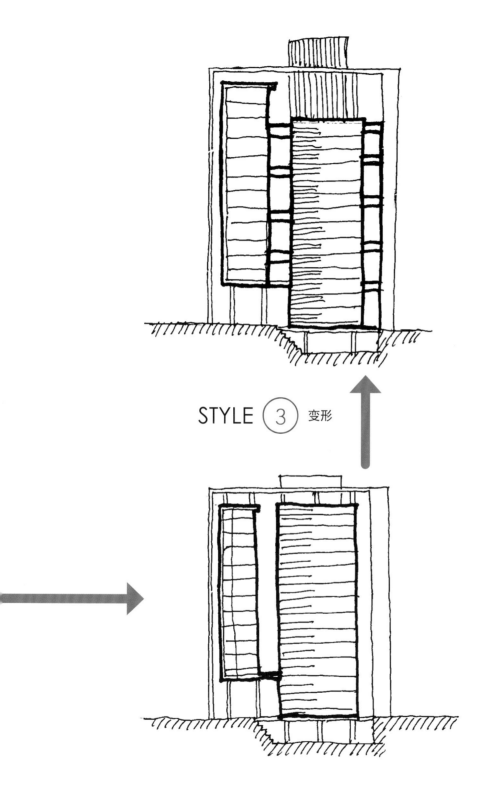

STYLE ③ 变形

STYLE ② 变瘦

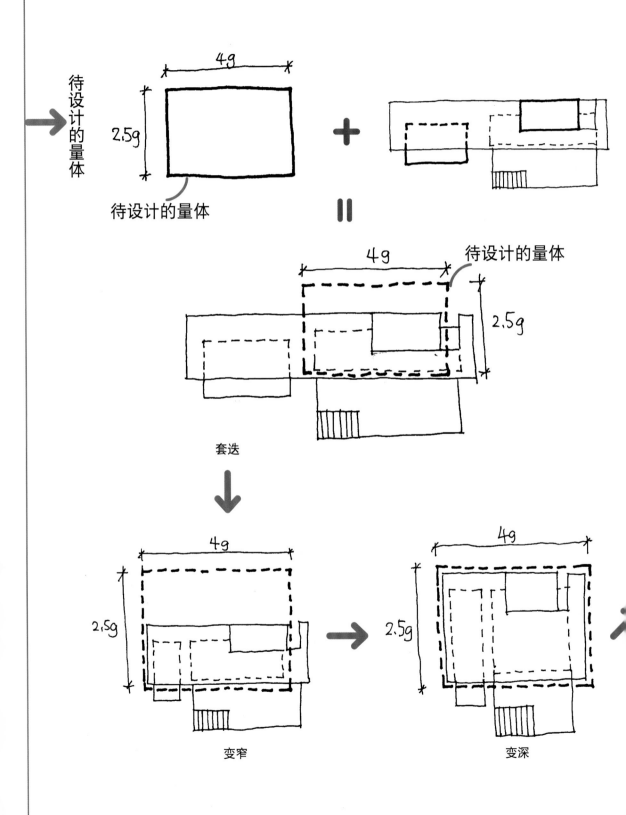

待设计的量体

待设计的量体

+

=

待设计的量体

4g

2.5g

套迭

变窄

变深

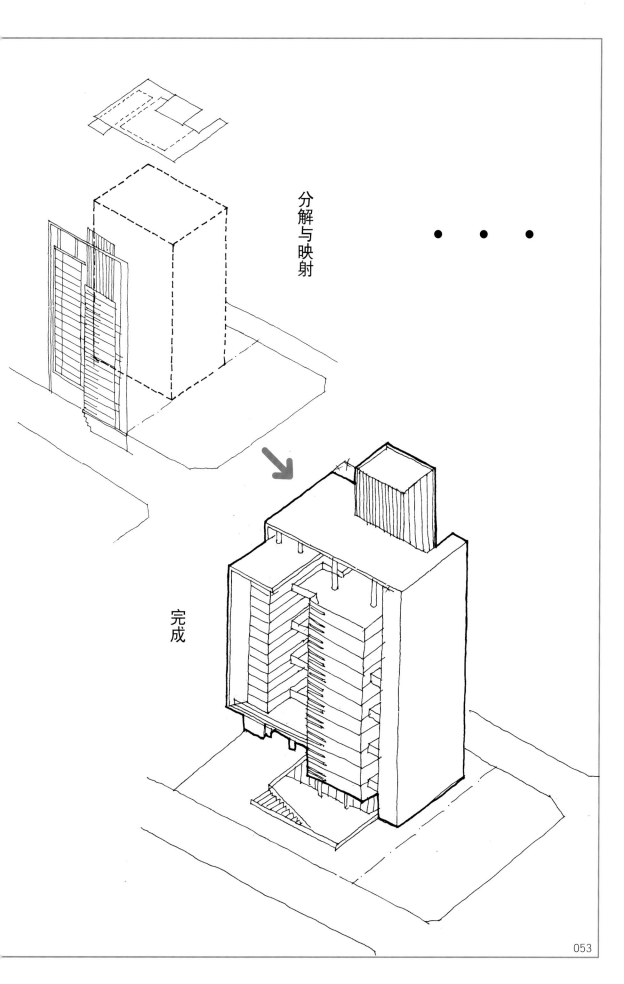

分解与映射

完成

TITLE 2-4 建立自己的 "绘图风格"

帮设计增加想象的图面小物

任何一个设计如果没有人、树、车这些有趣小物，就好像一个少了灵魂的傻子，只是一个不容易被看到、没有情感的小角色。这些小物没办法在图面上复制，也不能测量，只是很直觉地用手将脑中图像呈现出来；所以，这些小图最能直接反映设计者对一个空间的情感与想象，是表现手感与风格很好的机会。

当然这本书不是要教你变成设计或画图大师，而是要让你享受思考设计的乐趣。后面你将看到我的示范，可能会很失望，因为都不是帅气、华丽的图面，只会是一些好笑的简单元素组合。我也不会说自己的手上功夫有多么了得，但我知道这些活在我图面中的小人、小树，是被我赋予灵魂、充满活力的神奇角色。

先了解三种不同的视角，才能进一步掌握自己的手绘零件小图

鸟瞰

直视

透视

设计中的点景
—— 个人画图风格的建立

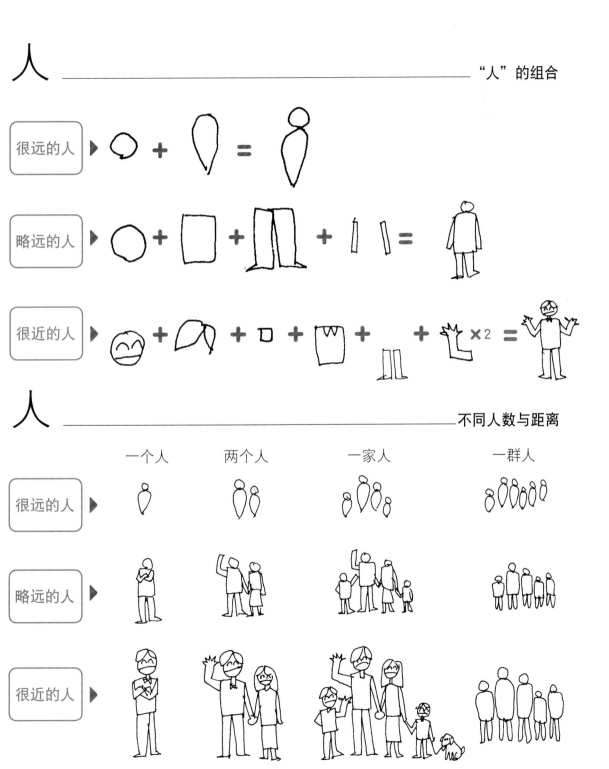

人 ———————————————————— "人"的组合

很远的人

略远的人

很近的人

人 ———————————————————— 不同人数与距离

	一个人	两个人	一家人	一群人
很远的人				
略远的人				
很近的人				

车

透视

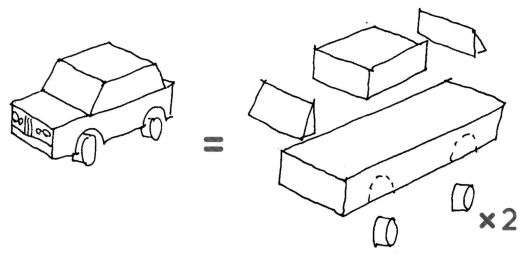

正直视

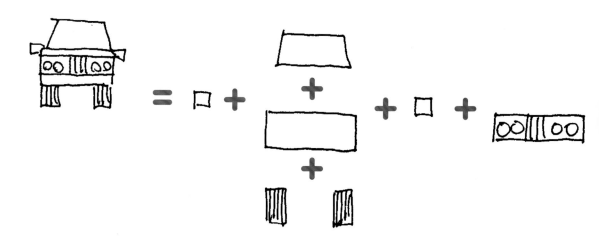

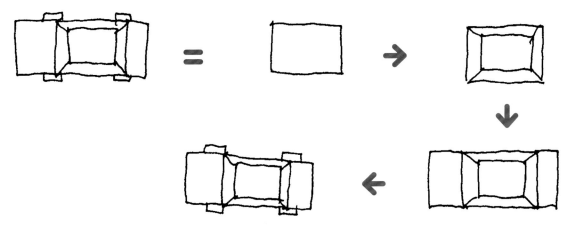

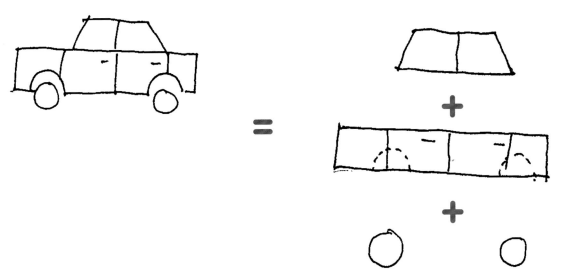

树

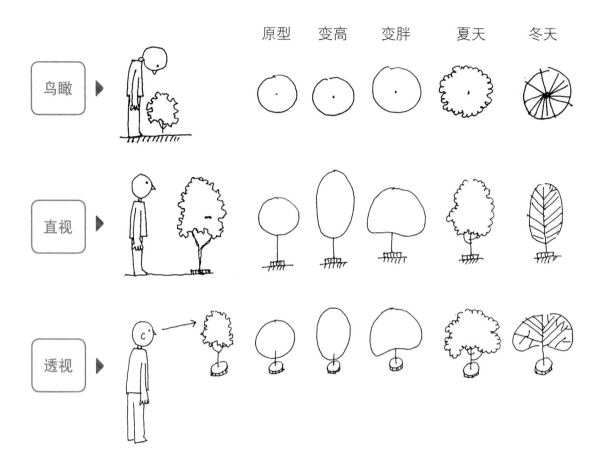

原型　变高　变胖　夏天　冬天

鸟瞰 ▶

直视 ▶

透视 ▶

More

很多树 ▶

很远的树 ▶

建筑中的
零件细部

① 画一个帅气的矩形，不能是正方形

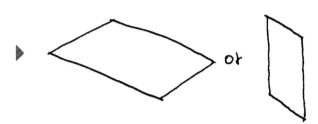

② 为这个帅气的矩形，加一个深度

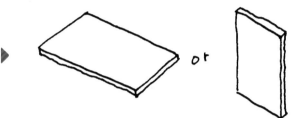

③ 再加一个"细细"的框

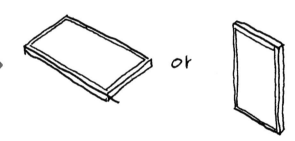

④ 加入随兴的格栅线段和垂直的小线段

⑤ 保留格栅后面的线条，产生若隐若现的感觉

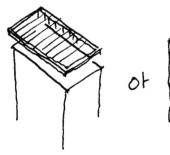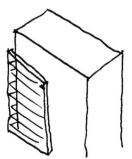

TITLE 2-5 练习案例临摹的 注意事项

练习把时间控制在 30 分钟内

除非已经是老鸟考生，很清楚时间紧迫，得分秒把握。否则大部分的人，尤其是刚准备考试的菜鸟，很容易忘记控制时间。少了对时间的控制，有两个缺点。

缺点一：时间太长，精神容易涣散，不容易专注。念书的时间永远不嫌多，不专注就是浪费生命，还不如把时间拿去看电视。

缺点二：画图是大脑"肌肉"的运动，做运动就需要时间的节奏感。漫无目标的画图没办法建立大脑的节奏感，一旦少了节奏感，就很难让大脑有效率地一步步提出存在脑中的千万经验与讯息。

如何练习

❶ 设定闹钟倒数 30 分钟。
❷ 设定完成目标，例如完成一张透视或一张立面分析。
❸ 开始画图与倒数。时间到就停笔并记录。
❹ 思考操作时影响进度的障碍。
❺ 调整目标，重新开始。

务必使自己在 30 分钟内完成目标图画。

NOTE

· 根据不精确临床实验证明，一个小时最快可以完成三个案例的"平、立、透"的完整分析与临摹。

用笔的方法

❶ 挑一只重量适中，可以利用笔身重量，带出铅笔碳粉的笔

画图的手应该是不用"出力"的，出力代表你的思绪留在线条的质量上，不是在案例的组成。且过度施力会在图纸留下无法抹去的笔迹，很容易让画面质量变得脏乱，进而影响你的思考。

因此笔劲要轻，在图纸上出现的是笔芯本身该有的浓淡，而不是太过用力，逼笔芯产生更浓厚的色调。

❷ 学会把橡皮擦当笔用

很多时候，为了快速地用笔将瞬间思考记在图纸上，会出现不断重描的笔迹；也有可能是需要的线段较长，只好重复描绘让线条能连续完成。但最后成果常常是满布的"狂乱"线条，完全无法构成"图面"，这时候你需要另一只可以帮你整理思绪、厘清线条的笔——就是橡皮擦。

橡皮擦在画图时的功能不是"修正带"或"立可白"，它不能完全抹除错误的部分，它真正的功能是让正确的线条"浮出图面"。使用橡皮擦时，请"轻柔"对待，轻轻擦拭"狂乱"的线条。运用较重的力道，多擦掉一些不喜欢的线条；以轻轻的力道，让正确的线条成为淡淡的笔迹，让你可以再一次描绘出漂亮的线条。

❸ 运笔要慢

用安安静静的心，稳稳慢慢地完成每条线段。画建筑的图，除了构思阶段会有比较写意的线条和笔触外，进入设计整合与分析阶段，线条应该是扎实而稳定的，这个扎实和稳定就来自运笔速度的放慢。

每条线段的笔触，可以带着你的思绪如同稳定的泉水，从可能的缝隙涓流而出。除此之外，也可以降低画面修正与擦拭的几率。

❹ 适当的图画大小

手因为构造的关系，要画直线线条会有长度限制。所谓的长度限制，指的是画出较直且稳定的线段。每个人的较优线段长度不一样，而这个"不一样"也影响到图画的大小。也就是说，当你画太大的图面时，为了追求线段的图画质量，可能会将注意力集中在线条，而不是空间的量块相合与环境线索。

以建筑师考试而言，最适当的练习大小约是半张 A4 范围。这样的大小画出来的建筑虽然小，但可以让练习者学会，如何适当地将图面填入版面区块；练习时也不至于费心力在图面的质量上。

❺ 临摹的案例，每次都要"画两遍 + 两个视角"

临摹案例照片时，通常第一张会顺着案例的图片视角，去转绘成我们需要的分析用等角透视图。但因为这个视角很容易沦为视觉盲点，为了让自己的脑袋能够与眼睛脱钩，可以尝试换个透视图的视角，逼脑袋以非惯用视角重新思考，当处在另一个视角时，该如何重现案例的形体与量块组成。（请参考 63 页左图说明图。）

这也就是一个案例临摹两次以上，让脑子可以全面思考组成方式。

❻ 透视图夹角要能看到案例全貌

等角透视图的透视夹角控制，会影响图面的表达效果。建筑设计的图面重点是表达建筑与环境的关系，若透视夹角过大，会让图面显得以环境为主；反之若夹角太小，则视觉容易聚焦在建筑上，缺乏建筑与环境的关系。建议适当的角度为 1：2 的边长关系。（请参考 63 页右图说明图。）

❼ 用白纸，不要用方格纸

市面上有很多帅气又有气质的格子纸笔记本，方格纸是帮助你画出稳定线条的重要工具，但是之所以不要你拿来用，有个重要原因就是，格子纸会让你的手和脑变钝。如果用白纸练习，手与眼会专注在构成量体的点与点之间。

也就是为了完成脑中的空间组织，眼睛会不断将图纸上相对的空间讯息传给大脑，好让大脑将这些讯息转为给手的要求指令，让指头控制笔尖，完成空间中相对位置的连线。如果今天是在格子纸的状态下练习案例，眼睛追踪的就不是图纸的空间，而是密密麻麻的水平

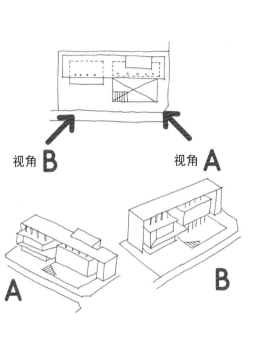

❺ 临摹两个视角

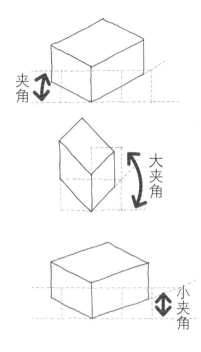

美好的透视
夹角 1：2

太大的夹角，
视觉焦点以
地面层基地
环境为主

太小的夹角，
缺乏基地环境
的视觉范围

❻ 不同夹角大小比较

线和垂直线，少了对空间的定位与判别。所以，若要让大脑空间化思考，先从丢掉格子纸开始吧！

❽ **从简单的形体开始找案例**

前面的章节说明了如何"观察"并"分解"案例。两个动作是找出案例中的方形块体，用脑子思考方块体的不同分布与高程。

寻找案例时应该以量体构成单纯、形状简单的为主，才不会在养成分析脑之前造成分析失焦、下笔痛苦的窘境。

除此之外，量块与空间的关系，是一种围塑程度的控制；很多形体复杂的案例，会因为建筑线条的视觉效果，削弱建筑与环境的空间感。

CHAPTER THREE

练习有个建筑师脑袋·····

刺激大脑，把空间当思考媒介。

刺激大脑的
方法

外在的人、事、物如此多样，只聚焦关键的脑袋不会通盘吸收，
大部分都会过滤掉，包括你的灵感契机！
先懂得打造"**文字脑**"，再练习切换成"**空间脑**"，
你的**设计才有机会成形登场**。

让头脑开始对空间有感

讲难听一点，人的脑子只是一块肉，训练不足的话，还可能是白白油油的松软肥肉，那么那该如何让它变成结实有用的肌肉呢？

小时候做健康检查时，都有一个奇怪的测验，就是医生拿一支小槌子，槌打你的膝盖，看看脚会不会往前踢一下；这个测验是为了检查神经有没有问题，对外界刺激有没有反应。同样的，这个世界充满了各式各样的刺激，各种刺激触动身上所有感觉细胞和神经，有的时候，美食触动大家的食欲，有些人对汽车造型过目不忘，有的人对美好的音符和声响，充满敏锐的感受。

这些外在物件带来"刺激"，触动"感觉器官"，再由神经传导"电流"般的感觉到"大脑"，然后大脑下达"反应"给其它器官去行动。

上述都是外在世界的被动刺激，但是念书、学设计不能被动，要自己创造被刺激的机会；而且最好有固定的刺激

模式，让大脑在接受特定刺激时，能够自动产生感受，像小时候健康检查的膝跳反射一样。当你把放在帅车、美食、音乐的外在刺激焦点，分一点给建筑空间与使用者，就达到成功的第一步了。

刺激大脑，从看人开始

当你进入一个环境、场域或空间，除了看帅哥美女，也多瞧瞧还有什么样的人，在那里停留、活动、生活。

人们除了聚在这里，也会因为空间状态表现出许多情绪与姿态。想想看这些人在这里的心情与生活，想想看他们为什么要在这里；想想看有什么方法可以利用空间设计，提升他们在这里的活动与生活质量。

也许你看了他们的样子之后，没有什么直接的感受刺激，但至少记下他们的样貌、周围环境特色和他们在这个场域、空间里的行为与活动，观察这些人

事物的举动，就像街头摄影师透过镜头和画面，诠释他眼里的世界，我们则是用空间的手法来关怀场域中的所有角色和场景。当然这些空间内的元素也会形成你日后的设计养分。

追踪文章里的空间关键字，逼大脑运作

读任何一篇文章，除了寻找自己关心的故事与活动，也请将眼睛焦距对准"空间"的相关字眼，让大脑习惯性地从文字堆里找出发生这些事物的"空间"。找到这些"空间"的描述字眼后，第二步找这个空间的使用者，也许是文章或故事主角，也可能只是配角或背景角色。找到这两个要素之后，再去想想因为他们而产生的是怎样的故事，"主题"是什么。

也许作者已经先定好主题了，也或许没有；如果没有，你可以自己设定。

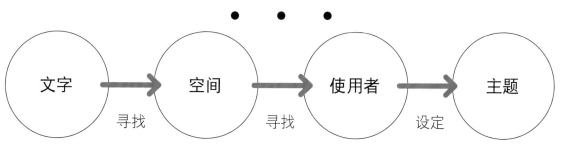

善用谷歌，找出特定文字的延伸资讯

你渐渐会把注意力从非空间转为空间，空间中的帅哥美女转为空间的使用者，无聊八卦转为八卦背后的主题与组成。这些构成文章的讯息，透过转换成为文字，储存在你的瞬间大脑记忆。

这时，请将这些文字化的讯息丢进谷歌，让谷歌为你寻找这个文字的相关延续资料，结果可能是相关的新闻或研究，也有可能只是无聊的广告。当你在这些信息海中寻找有用的资料时，你的大脑已经开始反覆处理观察到的文字化讯息。

恭喜，你开始思考了！

练习写自己的空间剧本

在后面 3—4 章节，会跟大家说明"五段式"的文字分析方法。这个方法会产生一个简单的程序，让大脑可以顺着这个程序，将文字推导出空间。

在这之前，你可以练习如何找出一篇文章提及的"使用者""空间"和"环境特质"；而些东西组成的文章，就是你个人的"空间剧本"，可以作为你进入设计世界的坚强基础。

　　如果你像我一样，能够体会出所谓的建筑师该有的基本能力，我相信当你看到老师辛苦设计的题目时，一定能发现这都是为了让你知道面对题目时该回应什么东西，多么贴心的考试啊！

　　只要有这样的体悟，你已经是建筑师了，而且会像我一样，想约出题老师出来喝一杯，好好谢谢他。

TITLE 3-2 谈建筑师的 基本能力

解析题目需求、抽取关键词再提交答案，是"考试"的基本能力；但是当证照到手的那一刻，请不要忘记拿出"**建筑师的心**"。**你的每一个关键词、每一个设计变化**，都将有活生生的人出入其中，他们将带着喜怒哀乐，走过你笔下的虚实量体。

从做设计的目的，我想和大家探讨，做设计该有的成果与内容。

(1) 在题目中找出"四种能力"的要求

教设计进入第五年，渐渐体会到一件事：建筑师考试是有水准的。身为考生的时候，常常会听许多考场前辈说考试是怎样的折磨人，怎样的没水准，完全无法测出专业水准，短短八小时与四小时，完全无法测出考生的设计能力。这些话听多了，对我们这些考场的小人

物来说，实在是沉重的东西，沉重在大家对它的批评和束缚，而且无论情况如何差，我们都还是得考。

为了这考试，奋斗了几年，也在设计的战场上打滚了几年；考试时的练习与精神的投入，则像开了瓶的红酒，加入了氧气，慢慢散出迷人香气。我渐渐体会到出题老师的用心，虽然我一直不知道出题老师是谁，如果有机会，很想请他们吃个辣炒脆肠配朝日啤酒，跟他们说声辛苦了。

怎么可以化敌为友，突然体悟到考试的美好呢？

为了教这个"考试用设计"，我大概把每个题目都念了十遍以上吧。在大量读题的过程中，发现了题目的共同语法，这个共同语法可以导出四个重要的面向，我称作"考试对考生的四个测试要求"，而这四个测试要求，还可以再简化成建筑师的四个任务，内容如下：

考试对考生的四个测试要求	建筑师的四个任务
一、建筑师要能将社会议题，以"空间的手法"来面对 →	一、处理社会议题
二、建筑师要能感受环境中的空间讯息 →	二、处理环境的条件
三、建筑师能将空间做出理性安排，与感性型塑 →	三、处理机能与空间的关系
四、建筑师可以用很普通的方法，让普通人都能了解他脑子里的想法 →	四、会画图和写计划

---

(2) 建筑师应具备的四个基础能力

这四个任务，也是建筑师该具备的四个基础能力，无论是求学、在职或考试，都应该要准确展现出来。

如果你将自己的专业力，强调在空间、造型的美学，那你顶多只能称为"空间造型师"；如果你擅长发掘社会问题，并以"论述"说明内心的观察与态度，你最多只能说是"空间的文字工作者"；

如果你能用科学的方法，数字化分析环境的条件，那你可以称为"空间的科学家"。关心社会、运用环境、熟悉空间、图面思考，都能在你身上表现出来，那才称得上是一个"建筑师"。

出题的老师如果这样要求建筑师的能力，那建筑师考试的题目就应该会在这脉络下产生；而作为准建筑师的各位，要回应出题老师用心良苦设计的题目，就应该充分表现自己在这四个议题的能力。

训练看懂奇怪的 文字组合

"有看没有懂"不是学习外语时的专利，熟悉的汉字到了考场，就仿佛和你素昧平生，你这时要做的，是重新建构阅读能力。透过声音与图像，逼迫大脑语言化思考; 觉得念出声很不好意思吗? 相信我，若考试时只能和试卷上的文字面面相觑，尴尬指数才真的破表。

大声念出来，你才看得懂

请各位回想一下，上一次认认真真重复阅读一篇文章，或者认真咬文嚼字，像是要把每个字咬出汁来的感觉是什么时候? 如果我问我自己这个问题，考建筑师不算的话，应该就是念初中的时候了吧! 语文课本里像符咒般的文言文，不仅永远记不起来，更别说要搞清楚文意了。

就这样，在反覆的自我折磨与煎熬中，终于结束了初中三年的青春岁月; 在那个有联考的时代，我的成绩一样惨不忍睹。但仔细回想，什么时候这种悲惨的"每个字都会念，组合起来却看不懂'情境'（注意，我指的中文，还不是英文）"的状态，开始悄悄黏在我的生活中; 原来，小学的数学应用题，就是一个摧毁我学习兴趣的问题。不知不觉，自己也成了人父，轮到自己的小孩面临数学问题。题目如下:

Q: 买 2 张桌子和 5 把椅子，共花了 180 元; 买同样的桌子 2 张和椅子 3 把，共用去 120 元，问桌子和椅子的单价各多少元?

A: 我会，但我念了三遍。

别说我太笨，也别跟我讲你瞄一眼就知道怎么处理；但麻烦在你耻笑我之前，先想想你理解这个题目时是经历了怎样的心路历程。如果没意外，你的反应流程应该是这样的：

第一眼：花了三秒钟，转睛像扫瞄器一样扫过题目。心里只有一句话："这是什么鬼？"

第二眼：被逼着面对问题，只好认真多看七秒。现在总共花了十秒看题目，终于发现提问在最后面，心里想："怎么会这样？"

第三眼：这样下去不是办法，只好用笔尖指着每个字，一个字一个字地在心里嘀嘀咕咕地念着。

念完一遍才知道这是一个关于桌子和椅子的爱情故事（……妈呀）。再念一遍，终于发现他们之间微妙的数学关系。

最后一眼：你可能还是不会计算答案，但你知道题目到底在问什么了。

在这看了四眼的过程中，最终是什么原因让你了解题目的微言大义？就是"念出来"这个关键动作。

建构大脑的阅读能力

大脑只是一块肌肉，功能是接收感知器官传递过来的讯息，利用许多经验判断要做何反应，再透过身体各部位做出反射动作。

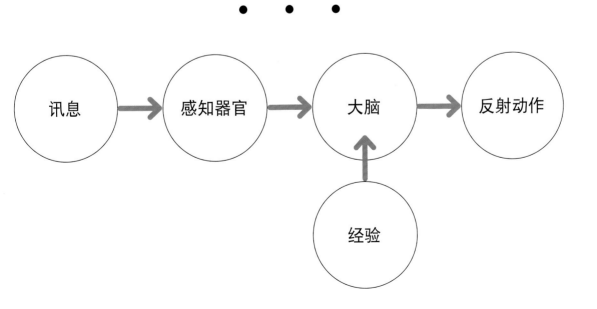

因此，眼睛看到文字，文字的视觉讯息进入大脑，大脑指挥嘴巴念出文字，出声后的音觉讯息再透过耳朵重回大脑；大脑重新接收一次这篇文字的讯号，并且开始辨别视觉讯息与听觉讯息的差异，这个差异策动了大脑的思考动作、使大脑产生对文字的"经验反应"。

这个阅读思考的小理论，可以从我们的成长经验再次验证。大家在初中时都有补习的经验，补习班老师跟学校老师通常有一个很大的差别……

学校老师在台上写黑板、念课文，做学生的我们眼皮沉重、目露眼白，老师上课内容像快速从眼前驶过的公车广告，有看没有懂，徒留一连串乏味的声音档案，在耳朵周围游移。

反过来请各位回想一下补习的经验，补习班老师为了提升业绩，像喜剧演员般说学逗唱，努力引起在座学生的互动；无论是口语或动作的互动，都会在学生脑中留下清晰印记，考试时便能快速从大脑的"经验抽屉"找出来运用。

因为不同的学习效果，所以大家很容易把"上学"当国民应尽义务在完成，把"去补习班"当成面对考试的唯一救赎……

NOTE

· 用念出声音帮助思考，不要只是murmur……

眼睛只是扫瞄器

人长大后，念了一些书，觉得自己不是小孩了，就觉得读书念出声很丢脸，一点气质也没有，所以开始要求自己闭嘴。也有可能是你身在优雅的咖啡馆，四周充满咖啡香气和研读深奥书本的顾客，于是你深怕开口念出声会有辱斯文，坏了咖啡馆的美好氛围；所以你紧闭双唇，用眼睛浏览厚厚的文字资料，最后开始目露眼白、眼泛泪光、遥视远方，不知情的人还以为你正做深沉思考，其实你只是睡神上身，神游四方。

终于，你把一大堆文字浏览完了，但同时每一秒都忘了上一秒用眼球输入哪些文字影像到大脑。换言之，你一个字都没读进去，只是当了好几个小时的蠢文青；请奋起当个有为的知识青年，大声地"念出来"吧！

眼睛是距离大脑最近的器官，可以最快地把一堆讯息传到大脑；这个对学习充满挫折与痛苦回忆的大脑，接收到又多又复杂的视觉讯息后，会将许多不美好的经验反应给眼睛，不停地跟眼睛说："这个不要，这个跳过，这个好麻烦。"

久而久之，眼睛也习惯一直回避很多主人不喜欢的内容，从此开始陷入"阅读障碍的深渊"，进而影响你的思考，慢慢地，你考试不懂找关键字、开会抓不到重点、人生就这样失去未来。

不要说我危言耸听，若想要夺回人生的主导权，请从"念读"开始。不要再让眼睛这个快速扫瞄器影响你的未来。

NOTE

如何念读

① 善用食指指尖或笔尖。
② 指着你想要念读的字眼。
③ 逐字移动指尖或笔尖，带动眼球去凝视每个字。
④ 念出被凝视的字眼，听到念出来的声音后，才将指尖或笔尖移往下一个字。
⑤ 不要在会吵到人的地方练习。
⑥ 一个题目念十遍，不要画重点，保持题目纸干净。
⑦ 念完第一次，画第一次重点。
⑧ 念第二到第九次时，用干净的题目纸。
⑨ 第十次再画一次重点。
⑩ 比较两次画的重点差异。

对付考试的重要武器：
五段式文字分析

要快速进入考题核心的第一步，是找到**关键字**，解析后再发展为空间。关键字看似简短，撷取的背后需要扎实的**人、事、时、地、物的考量逻辑**；一旦把握这项武器，你的考试就希望无穷了。

文字转换的流程

利用有步骤与程序的思考流程、解读描述空间的文字，我称作"五段式"的文字分析方法。

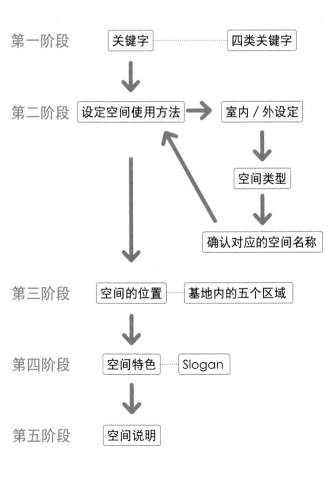

第一阶段　　关键字 ·········· 四类关键字

第二阶段　　设定空间使用方法 →　室内／外设定

空间类型

确认对应的空间名称

第三阶段　　空间的位置 ·········· 基地内的五个区域

第四阶段　　空间特色 ·········· Slogan

第五阶段　　空间说明

第一阶段：

（1）关键字

议题类关键字

日常生活中的设计关键字，可能是材料、法规、销售的术语；而在建筑师考试的设计世界，这些关键字通常是题目世界里的"环境问题""社会议题""设计责任"。例如：

都市边缘旧城区
人口老化、少子化
居住不易
与环境融合
建筑师责任
老旧建筑

这些字眼在真实的设计工作中，总是被坪效、高度、结构等"有意义"的专业术语掩盖。然而，建筑师考试攸关国家城乡品质，不能只是很实在的要求建筑从业人员，最后成为建筑签证的印章。

通常考生会直接忽略这些抽象的只字片语，认为这是老师和学生在研究的事，考试时只要把空间大小画对、排进图画就好。如果只是这样想，就会局限设计成为平面的排列，而不是有意义地反映的问题，进而改善问题。

环境描述关键字

除了上述很抽象、很难反映在空间与图面的关键字外，还有其它类型的关键字，譬如用来描述"环境特色"的关键字：

缓坡 1：10
即存大树
捷运站出口
污流
快速道路
湿地

空间机能关键字

也有直接一点的关键字叫"空间需求"，例如：

行政空间 120m²
教育 6 间
集会堂
研习空间
住宅
图画空间

操作步骤关键字

最后还有一类关键字，就是"操作步骤"的关键字，例如：

其地环境分析
空间定性定量
空间友善策略
创意概念与构想

综合上述的关键字说明，可以有一个结论：

议题类关键字	抽象处理问题与企
环境描述关键字	描述环境特色
空间机能关键字	说明设计中必要的空间项目
操作步骤关键字	要求设计者呈现观者结果与设计者想法的项目

这些关键字皆呼应前面，我们讨论的"四个建筑师该有的能力"，也就是说，我们得从空间剧本（题目）中找出和这四种能力有关的关键字来发挥设计。

考试要求	关键字
关注社会议题	
环境条件掌握	
空间组织能力	
设计操作能力	

（2）找出题目中的"重点关键字"，作为文字分析的发展依据

知道了建筑师考试的核心目标，就知道老师会把要求放进题目里；作为建筑师考试的应考人，拿到题目后的第一件事，就是"找出题目里和四个要求有关的关键字"。我们在读书会称这个为第一步骤，在非读书会领域的人，则会称为"破题"。

我不喜欢"破题"这个词，感觉带有一些些侵略性，相反地，我喜欢称这个步骤为"找关键字"。这个过程有点像在和出题老师对话，跟老师聊聊他在乎什么，而我们该做什么。

如果你还是学生，那么做设计时可以把这四个要求，变成你发展设计的"空间剧本或方案"。如果你是设计从

业人员，那这四个目标，可以成为说服客户的有力工具。

练习"找关键字"的方法

大量阅读考古题，培养文字敏锐度

把手边所有考古题都翻出来，依据个别要求，每一题都找出相关的关键字。因为大量阅读，开始对重复出现或类似字眼产生敏锐度。

和别人比较

把别人画出关键字的题目纸拿来比较，找出差异处，并且聊聊找出这些关键字的原因和理由。每个人在意的观点不同，很多时候透过他人的眼睛，可以看到更多可能。

限制关键字字数

用萤光笔画下题目纸上的关键字，关键字的字数最好控制在七个字以下。限制关键字字数有两个理由：

❶ 逼自己思考，留下真正有意义的字句。
❷ 圈选出来的短句关键字，可以作为之后操作步骤的标题字。

（3）四种关键字的发展架构

议题类关键文字

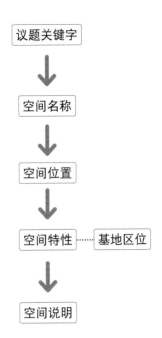

社会问题、环境议题、设计企图被我们归类成议题类关键字，这类关键字希望我们专业人士用建筑与空间的方法去面对解决。因此我们必须用最快的时间，将它们与空间内的机能联结，也就是一个被赋予名称与机能的空间。

找了一个机能的空间名称去对应议题关键字后，便可以根据空间的性质，找出该空间在基地里的区域位置，并进一步赋予该空间一个有趣的主题slogan，让空间的使用者或图面的阅读者，透过清楚、明确的"空间标题"快速了解该空间的特色。

吸引大家的目光后，你才能更进一步做空间说明。

环境类关键文字

基地周围的不同环境条件，影响基地内的各个区域有不同的特色和性质。因此无论是文字上的环境描述或者是地图、基地现况图里所显示的环境讯息，我们都要直觉地转换成基地内相对应的"特性区域"。在后面的章节，我们会重新归类各种不同区域，这阶段读者先知道区域的性质和活动的强度有关，也因为和活动强度有关，我们可以初步配对基地的"特性区域"和"机能空间名称"。如此完成环境类关键字的分析发展。

NOTE

基地内的五个特性区域
❶ 动态区　　❹ 入口区
❷ 静态区　　❺ 停车区
❸ 核心区

机能空间类关键字

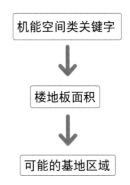

分析发展到了"机能空间类关键字"，通常我把它归类成业主或题目所提出的基本空间要求，我都当他们不是空间专业，才会来找我们这些建筑师解决问题。因为假设业主没有深入研究的简单空间需求，作为专业的我们先单纯把他们算好空间，知道如何发展设计，并且和"基地区位"做初步结合就好。

操作类关键字

业主在合约内的图面需求或题目中的图面要求，很多时候都是不完整、不合理的，作为一个空间的专业人士，帮他们想出事前没想出、可以更有效率说明设计的图面，反而是当建筑空间的专

业人士要必备的技能之一。这些被遗忘的可能图面，都藏在业主的语言中或者题目的文字海里。

第二阶段：设定空间使用方式

（1）思考空间的性质与运用

对应关键字时，会用什么"行动"达到关键字的"诉求"，或"解决"关键字的"问题"。这个"行动"可由空间的"使用者"或"关系人"来延伸思考。

举例（一）：

与邻为善的建筑师 ┈┈┈┈┈┈ Key word

⬇

建筑师与社区居民 ┈┈┈┈┈┈ User

⬇

倾听社区的困难，

以空间专业协助┈┈┈┈┈┈ Active

举例（二）：

向社区开放 ┈┈┈┈┈┈┈┈ Key word

⬇

社区居民 ┈┈┈┈┈┈┈┈┈┈ User

⬇

社区居民自家外的第二个客厅 ┈ Active

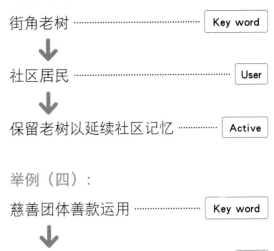

举例（三）：

街角老树 ┈┈┈┈┈┈┈┈┈┈ Key word

⬇

社区居民 ┈┈┈┈┈┈┈┈┈┈ User

⬇

保留老树以延续社区记忆 ┈┈┈ Active

举例（四）：

慈善团体善款运用 ┈┈┈┈┈┈ Key word

⬇

慈善团体与受助居民 ┈┈┈┈┈ User

⬇

重建过程纪录 ┈┈┈┈┈┈┈┈ Active

从题目的文意与关键字，提出对应的"行动策略"，进一步影响空间类型的判断，就即将进入实质的空间设计。关于这个步骤，可以透过阅读报纸新闻来累积"行动策略"的方式，并且提升设计思考的反应速度。

（2）何"使"何"用"——判断这个空间在室内还是户外

属性一：室内／室外

　　任何人类活动都是在"空间"内完成的，没有人可以脱离"空间"独立存在（人就算挂了也有阴阳空间之分）。因此有了活动的使用假设后，就可以快速地为这个活动设定相对应的空间。

　　在没有"存在"问题的"阳间"，空间可以简单字分类为"室内"与"室外"。任何活动转换成空间的第一步，是先决定这个活动是属于"室内活动"或是"室外活动"。

　　建筑师考试的题目，通常就像我们在事务所上班一样，根据业主的空间需求，开始画出很多大小不一的正方形或矩形框框，并将这些框框依照空间性质去排列和组合。

　　这些空间需求，就是我们前个章节所说的关键字，我们也有固定的方法将关键字转化成使用者和活动，然后开始做室内／外的设定。讲起来简单，但还是有一些基本的判断规则，以室内设定来说：

❶ 是否有固定家具、设备？
　　→　因为怕日晒雨淋
❷ 是否为特定使用者或活动？
　　→　因为需要有确实出入口做使用管理
❸ 是否需要有结构体，保护使用者或活动？
　　→　这是建筑物最原始的功能，就是保护在里面的人

　　扣除上面的因素，剩下的活动，大概都会发生在室外的空间。

(3) 室内空间的类型

属性二：有／无墙壁的室内

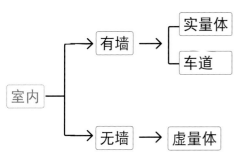

虚量体：没有墙壁的室内空间

如果根据活动将需求设定为室内空间，下一个反射动作就是思考要不要有墙壁？你可能会觉得很怪，没有墙壁就不是室内了，为什么还要多此一举呢？"虚量体"这个词有很多种解释，我在读书会将之解释为介于室内、室外之间，有顶盖的半户外空间；这个空间有几个特性：

❶ 空间使用管理限制层级较低

很多室内活动的使用设定，是希望对外开放的，如此可以允许更多基地周围的关系人士进入空间、参与活动。这时，一个有顶盖且无外墙的"半户外空间"，便成为最佳的活动行为容器。

最有名的题目，可以用 2014 年设计"与邻为善的建筑师事务所"来说明。这个题目设定的主角是刚开业的建筑师，希望这位建筑师透过空间专长，与周围邻居做建筑专业上的交流，提升社区空间品质。

因此这间事务所除了包括大家很习惯的上班空间外，还需要一些具有活动与交流行为的空间，这时就很适合选用"虚量体"这样没有外墙的顶盖空间。

· · ·

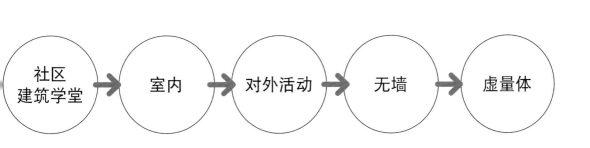

❷ 清楚定出有意义的户外空间

一个有顶盖的半户外空间，比起一个无顶盖的户外空间，更为强烈地宣示了该区域的特殊意义，也可以与一般开放空间做出差异，突显某个特定活动或行为的独特性。例如，一个露天的音乐表演舞台，如果舞台区是有顶盖的，就能用最快的方法区别表演区和观赏区。

❸ 连接室内与室外空间

不同空间的连接与转换，无法单纯地像开关门那样切换与过场。必须考虑到空间中使用者的活动状态和心理条件，再设计空间与空间的转换过程。

以我做住宅建筑的经验，从工作场所回到家中，我们会设定出一连串的路径，穿过水景、门厅、花园，为的是将家门外的工作情绪，逐步调整为居家状态。

再请各位想想，日本旧民居常会用到的檐廊，在卡通或电视里是什么样的空间角色。有时是家人坐下来吃西瓜，享受夏日烟火的场景；有时是主角睡午觉的空间；有时是小朋友追逐游戏的空间；有时是爷爷奶奶读报冥想的空间。这空间的深度薄薄的，只有一个稍微架高的地坪与屋檐，不像室内生活的正式与纯粹，也不像室外空间

的简单与缺乏重点。

这样的空间安排，常常是主要活动空间外，最重要的空间想象与安排，大大提升整体空间质感。

❹ 虚量体的延伸

虚量体可以成为凝聚的活动空间，可以是联结室内与室外的转换空间，可以是具有简单限制的管理空间；有了这些特质，我们可以整理出几种构成虚量体的空间型式：

a 顶盖式大棚架
b 顶盖式廊道
c 阶梯广场
d 下沉地下广场
e 空中平台

后面的章节有更清楚的描述与运用说明。平常在做案例观察与临摹练习时，也可以针对这些空间做记录与体会，大量增加对空间的运用想象，以扩充空间经验资料库。

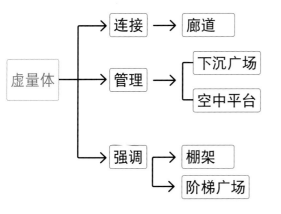

目很大的篇幅，很容易成为设计者主要的操作项目；但在设计之初，请单纯将之视为承载机能的方盒子，应该被理性地配置在基地中的合适地点。有时候它甚至是负面的构造物，可能会影响基地中的微气候，也有可能阻碍区域活动的形成。

车道——不让人进入的室内空间

车道是唯一不希望有人进入的室内空间，代表着危险与不安定。因此必须安排车道或停车空间远离人群与活动空间，需要设计思考的地方，是如何将停车空间与主要使用空间，做安全的联结。

实量体——承载机能的室内空间

我把有具体墙面与入口的室内空间，称为实量体。

实量体是建筑设计最基本的要求，反映出业主或出题老师的空间需求，也是多数人对建筑设计的主要思考标的。会这样想的人，多半认为做建筑设计，就是要设计这个具体的建筑量体。

这些机能虽然占建筑计划或考试题

(4) 户外空间的类型

室内空间之外——室外开放空间

过滤完关键字群里的室内部分，剩下的关键字应该是属于室外活动使用。这些室外空间，我们称为"开放空间"，顾名思义就是较不受管理与限制的空间，对于非特定使用者也有较大的包容度，允许内部环境与周围环境连接。开放空间可能可以置入强烈的空间议题，也可以只是某地边缘的附属空间，仅仅提供过路与边界的功能。

室外开放空间的特性：

❶ 低管理与低限制
❷ 允许外来使用者进入
❸ 具有欢迎与接受的内涵
❹ 与外在环境连结

确定了某个空间属性是"非室内"后。便可以简单将之归类为"室外空间"，也就是我们称的"开放空间"。根据开放空间的特性，又可以分成下列几种类型；入口开放空间、主题开放空间、次要开放空间。

接下来我们就说明这些类型空间。

类型一：入口开放空间

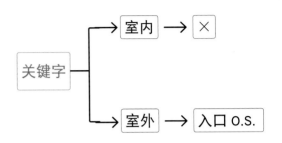

这种空间创造出基地内主要步行动线的起点；也因为是起点，关键字必须是基地周围最主要的人潮产生处，也可以说是希望特定族群能最容易进入基地的地方。除此之外，入口开放空间必须有连接建筑物入口的最佳路径，同时要远离车行动线，减少通行冲突。

类型二、主题开放空间

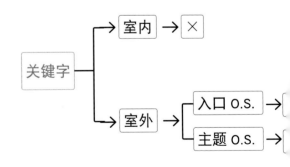

是一个基地最重要的开放空间，

最重要的活动在这里被注视并且开展。这个空间通常与重要的室内空间结合，可以延伸与放大重要的室内机能。它通常是"被包围"或称"围塑"，因为需要快速被空间使用者了解与熟悉，除了会有较清楚的边界外，也会有很清楚的过路，让使用者快速从入口开放空间联结至此。有时候可以用强烈的地坪型式，让它从图画突显出来。

NOTE

· 被建筑量体或设施围塑，产生明确区域。
· 可以结合重要机能，凸显主题。
· 位于基地内最重要的区域。
· 有清楚的路径，联结入口开放空间与建筑。

类型三、次要开放空间

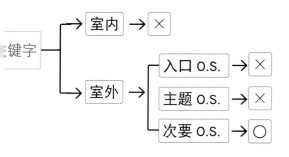

扣掉前面讲的五种空间后，剩下的就是次要开放空间。但它不能仅是一个剩下的空间，仍然该有相呼应的关键字来说明空间特质，不会只是一处无意义的空间。

（5）确定对应空间机能与名称

前面有了许许多多的空间想法与观察，并且做了许多的分析，我们要做的是为这些等着被解决的空间问题，赋予他一个"机能空间名称"，让业主或改卷老师知道，你能用什么空间来达到他的理想。

第三阶段：空间的位置

基地因为环境的条件，而产生许多不同的"区域特性"，也让每个室内空间，有了位置上的设置依据。

第四阶段＋第五阶段：空间特色说明

空间特色说明除了是我们做建筑善用的结构硬体外，很多时候是企划与文案相关人员策划出来，有趣的空间活动与使用。如果在阅读书报时，若能多留意文章中对空间的描述情况，我们就更有机会强化建筑和空间品质与内涵。关于这些空间的特色，读书会的活跃会员从报章杂志整理了一系列的重点于后面的页面，可以让大家快速通用。

●

●

●

空间的个性与文字化—Slogan 大汇整（感谢 Ansen 佳仑协助处理）

既有老房子

- 老宅品味咖啡馆
- 庙前看戏
    - ⟶ 文化记忆表演广场
- 文青店铺进驻老街
- 旧舍展演回廊
- 旧城生活体验空间
- 旧城生活节
    - ⟶ 生活文化展演舞台
- 老屋醒过来
    - ⟶ 旧建筑机能调整再利用
- 历史故事屋
    - ⟶ 老屋说书空间

市场

- 职人食安把关
    - ⟶ 幸福城市心市场
- 走读市场
    - ⟶ 市场精品化、文创化

智慧建筑

- 知识零距离
    - ⟶ 城市酷云：云端知识管理中心 / 资料库

公园绿地

- 生态沟渠
    - ⟶ 引用地下水，再造环境生态
- 小草地、大客厅
    - ⟶ 绿地空间容纳在地生活、文化、物品

亲子

- 孩子续满能量
    - ⟶ 爱的料理课后空间
- 亲子参与
    - ⟶ 特色公园

土地

- 食农教育
  - ➡ 农场小学
- 屋顶果园、食物森林、社区农场
  - ➡ 弱势族群自足活动
- 农村共学
  - ➡ 废校再生、共学再生

乐龄

- 老人社区服务网络
  - ➡ 乐龄关怀与健康工作站
- 多余校舍活动中心
- 数位机会中心
  - ➡ 活到老、学到老
- 失智症咖啡店"D café"
  - ➡ 失智症老人、家属、医护的减压
    与交流空间
  - ➡ 共同照顾的空间
- 福乐学堂
  - ➡ 老人幼儿园，日照、日托
- 社区老人共餐食堂
  - ➡ 高龄志工人力运用
  - ➡ 与社区居民一日用餐、不孤单
- 爷孙共享幸福学院
  - ➡ 三代共学、亲子交流

产业空间

- 创意产业商业化
  - ➡ 文创市场空间
- 城市创客基地
  - ➡ 创意产业发动机
- 文创聚落
  - ➡ 集合产业活动与展示
- 产学实验室
  - ➡ 产业与校园结合
- 南方创客基地
  - ➡ 创客空间，共同工作空间，公共
    友谊空间
- 创新重镇
  - ➡ 旧校舍再利用

居住

- 分享生活
    - → 共享厨房与餐厅
- 居住银行
    - → 提供低价与充足的居住空间与管理中心
- 社造工作站／聊天室
    - → 融合社区住民与地方意见
    - → 新旧住民结合
- 办桌广场
    - → 吃吃喝喝的开放空间
- 社造（都更）推动师蹲点工作站
    - → 深入社区推动城市改造
- 老屋重生
    - → 闲置房屋转作公营住宅
- 走读城市
    - → 城市教育开放空间
- 分享厨房与餐厅
    - → 共餐、共食生活空间

河岸空间

- 河岸城市细品味
- 流动城市——河岸好好玩
    - → 河岸游乐园
- 与萤火虫共舞
    - → 城市生态河岸步道
- 滞洪空间
    - → 平时为休闲空间（湿地生态）
- 草泽湿生区
    - → 不受人为干扰的陆域鸟兽栖地
- 多层次生态绿坡
    - → 湿生区的缓冲区
- 绿川轻旅行
    - → 河岸与巷弄生活空间结合

异乡人空间

- 台湾团仔
    - → "回家"记忆广场
- 多语菜单、多元文化
    - → 家乡味办桌空间
- 异乡文化交流空间
- 移工图书馆
    - → 读书让移工有未来
- 新移民家庭服务中心
    - → 教育、文化、卫生的全心照顾

艺文空间

- 音乐星光、浪漫谈情
  - ⟶ 音乐故事咖啡馆
- 夏日梅亭
  - ⟶ 赏画品乐展示空间
- 玩空间、享互动
  - ⟶ "藏"创意咖啡馆
- 行动音乐厅
  - ⟶ 即兴的音乐表演空间
- 乐赏音乐空间
  - ⟶ 听音乐的虚量体

公园／绿地空间

- 城市小日子、公园虽小
  - ⟶ 家中的外客厅、社区客厅空间
- 市民参与、城市就是我的菜园
  - ⟶ 幸福的城市小农空间
  - ⟶ 城市农场
- 全民一起运动
  - ⟶ 城市健身房（公园）
- 城市散步绿廊
- 绿光计划
  - ⟶ 绿化拥挤的城市

建筑与
环境、人本、思考

现实环境有很多因素会影响建筑形态，从一座城市为其市容定下的法规，到无可抗拒的自然气候条件，再来就是比较多元且复杂的"人"的因素；从公私产权的权益沟通，到无障碍空间的合宜性与友善协调性，到两性平权的空间考量，都考验着建筑师的**周详与能耐**。

谈建筑的量体规模与城市的空间思考

建筑量体该多大？
——谈论城市的视觉品质

先谈法规中对建筑物高度的见解。有几个面向可以深入研究，一个是面前道路：由于"削线"的法规逻辑，面对越大的马路、房子可以盖得越高，反之则越矮。以相同的观念延伸思考，如果建筑物越靠近道路边缘，则建筑量体会越低矮；反之，若建筑物离道路越远，则建筑物的高度限制越宽松。

法规是死的，所以请故意反过来思考，为什么要这样订定建筑物的高度限制？也可以想想看生活环境所见是否真是如此？答案似乎是否定的，尤其住在老旧社区的人感受更强烈。

在我们生活的这个小小国家，建筑管理的法规，有个很重要的改变转折，那就是"容积管制"。六年级如我或者更年长的前辈，应该都经历过"六米巷"与"四五层老公寓"的生活经验；在那个维系人与人关系不用透过 3C 产品的美好年代，六米的巷弄空间，拉近了所有人的距离，舒服的步行空间与街道尺度，串联城市每个角落。进入七〇年代，经济活动高速发展，车辆开始占据街道两侧，家庭中越来越多过度消费的物资，常常得利用公共空间当仓库来堆置。

时间轴推到今天这个时代，开始用"容积率"来控制城市里的建筑高度和环境的视觉品质，希望藉由调整建筑物高度，来加强开放空间的公共性与品质，也因此，我们才能在许多重划区看到舒服的人行空间与城市绿地。

回到设计实务，我们归纳上面的论点，有几个简单的结论：

（1）建筑高度要能让城市有美好的视觉景观，所以不能有太突兀的建筑量体，破坏原有的环境特色。

（2）建筑高度限制放宽后，地面层的开放空间也必须因为建筑高度提升而放大，以增加公共与公益性。

如何更进一步操作，后面的章节有进一步说明。

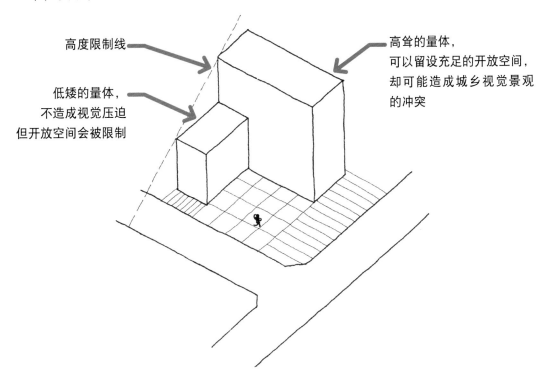

高度限制线

低矮的量体，
不造成视觉压迫
但开放空间会被限制

高耸的量体，
可以留设充足的开放空间，
却可能造成城乡视觉景观
的冲突

题目世界里的季节问题——季风不是建筑配置的主要理由

我二十年前初中毕业后，进"五专"念建筑，还没学到太多的设计观念和建筑思考，老师开始要我们画平面和配置图；我们这些设计菜鸟都慌了，完全没有概念要如何下手。这时候班上几位深得学长学姐人缘的同学，搬出了一系列建筑师考试等级的快速设计练习范例，这系列传承了好几代学长学姐，据说是从当时很权威的补习班（现在还是）流出来的。

面对热腾腾的经典设计练习古图，最先印入眼帘的，是左上角大大的"Diagram"和"Concept"字眼，心想：这就是我要的，这就是生命的出口，终于可以交作业了！眼神接着往下飘移，看到的是一张令人心旷神怡的图画，画中是微微的太阳从东边升起，渐渐往西边移动，画出一条优美弧线，横过设计基地上方；有些"可爱"的女同学还会卡通化这个小太阳，令图画充满文青风格；图画的左下角则以优雅箭头带入徐徐微风，扬起一片夏天的空气感，让人不忍快速移开目光，只想在这些箭头上多停留一会儿；然而图画的右上角，却以粗箭头加上乌云与雨水的图像，就像冬天的凛冽寒风撕裂着阅图者，好似青春年华里脆弱的感情世界。

天啊！这张图几乎包含了设计者心中的整个世界。

有了这张图（或是当时我们心中认定的 Diagram），我们开始大胆地将建筑的主要量体设置在基地右上角，心中默默告诉自己："这样一定没错，建筑放这里可以抵挡冬天的东北季风，绝对不会让老师想起年少时，让他心碎的后座女同学。"心满意足之余就开始留设开放空间："没错，夏天有徐徐的西南气流，可以让改图老师感受到我们设计的用心；让空间的使用者在微风中享受美好的开放空间。"

上面那堆废话，相信是许多建筑人求学时常遇到的经历，甚至直到出社会从事设计工作或者参加建筑师考试，都还会运用的设计策略；但这通常不会是最佳的配置策略。

建筑配置如何因应季风

如果今天我们要设计的建筑物，位在某个有山有水，但没有邻居（邻房）

的好地方，也就是没有相关人造设施的环境，这样阳春的"风水"配置策略，当然是切入配置的好方法。但这种等级的设计应该只会出现在"大一"阶段，对于身处人口稠密的城市或面对"国家考试"，这是绝对行不通的。以我们的思考逻辑来看，这更有可能是出题老师预设的配置陷阱。

把话讲得这么严重，是希望身为建筑师的各位可以尽快觉悟，接着来讨论该如何运用这个永恒不变的好东西。首先分析建筑物在基地的位置，习得依据题目的文字线索，为建筑物找到美好的落脚位置；接下来才是思考如何利用这个位置，发挥建筑物在"风水"环境中的特色。

东北季风 VS 西南气流

首先，如果建筑物有幸被配置在基地的东北方，那便能顺理成章的阻挡东北季风对基地的侵害。但如果不幸碍于各种原因，只能配置在没法阻挡季风的位置也不要灰心，你只需要在基地东北方加入美丽的乔木群；这些美丽的乔木在夏天是活动时遮阳的天然顶盖，冬天时更可阻挡冷冽的东北季风，是调整区域微风场的好工具。

除了东北季风会影响基地的环境品质外，还有一个常被提到的季节条件——夏季西南气流，这是有益环境的"好"季节条件。如果分析后将建筑物配置在基地东北方，那基地的西南场便成为良好的风场引入开放空间，可以减少室内环境的空调设备需求。反之，如果建筑物不幸处在基地西南方，阻挡了美好的气流，这时可以增加建筑开窗，并且在地面层设置半户外开放空间，当作人为风道，这样就解决了季风问题。

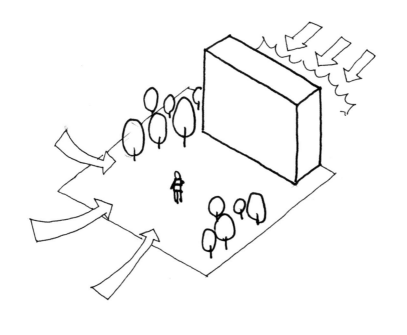

好的配置解决气候问题
东北角建筑挡风
西南角开口迎风

好的设计顺应气候问题
东北角树群挡季风
西南角开口迎风

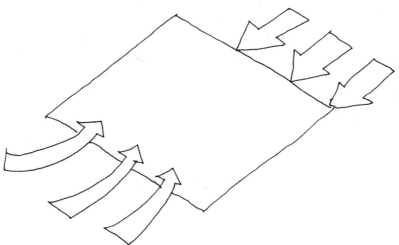

没有设计
坏风与好风都挡不住

无障碍的空间思考

友善的无障碍空间

议题一： 室外／无障碍通路如何融入开放空间？

策略 1→以虚线表现无障碍通路（室外），自建筑线经主题开放空间至建筑主要出入口。

策略 2→户外阶梯表演空间加设"轮椅使用者"空间与"陪伴者"空间；此位置必须无异于其他观众。

议题二： 室外／如何让"行动不便者"更容易进入基地？

策略→主要入口处设置"临时无障碍停车格"（画虚线）。

议题三： 室外／如何使"行动不便者"受到更全面的照顾？

策略→设置"无障碍服务柜台"，广设"无障碍服务铃"。

理由→专人服务。

议题四： 室内／如何更方便使用"无障碍设施与设备"？

策略→确实设置无障设施／设备，如楼梯、电梯、剧场座位空间、卫生设备等等。

方式→ 请在图画上，绘此符号，让老师知道你对无障碍的用心。

NOTE

秘诀： ❶ 无障碍停车位要画在电梯或出入口旁。

❷ 该表现"无障碍规划"的部分都要画。

❸ 无障碍通路除了"连续性"，还要串连重要空间。

❹ 熟练楼梯、车位、厕所的标准图。

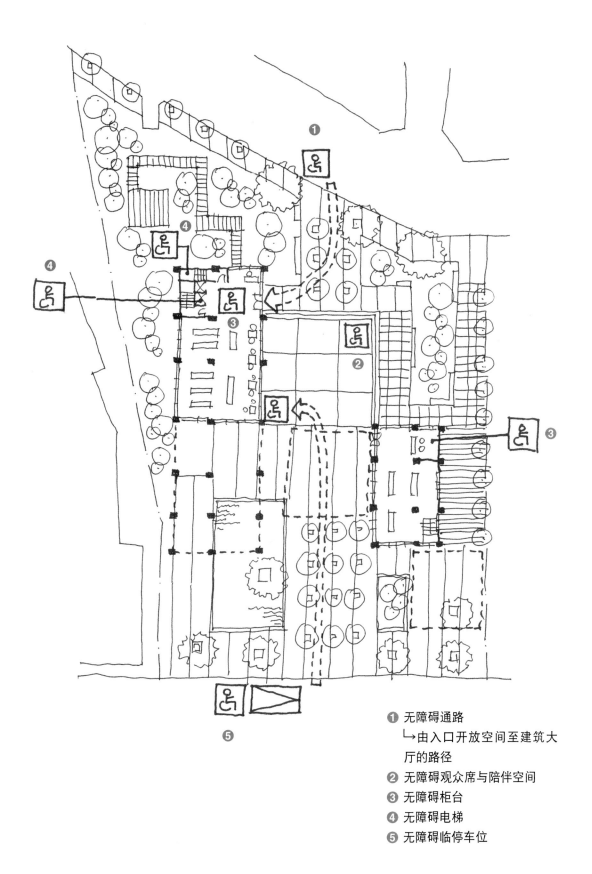

❶ 无障碍通路
　└→由入口开放空间至建筑大厅的路径
❷ 无障碍观众席与陪伴空间
❸ 无障碍柜台
❹ 无障碍电梯
❺ 无障碍临停车位

两性平权空间思考

这是一个性别权力高涨的时代，但我们生活的空间从有人类以来，就因为性别使用的关系，而产生了空间里的性别不平等问题。在这个人类文明高度发展的时代，如何让空间性别不平等获得同步的文明进步，是许多专家学者的研究重点。

我们不是性别专家，但我们是空间的专家，我们的责任是让不同的性别与族群，在任何空间中都能自在、舒适、安全。

a. 自在的两性空间

有很多空间在文化上，被归类成特定性别使用的空间，例如亚洲社会普遍认为厨房是女性的空间，这是对女性的偏见印象。有时候也有对男性不公平的观念，例如车库、地下室、安全梯是男生会做坏事的空间。作为新时代的空间创作者，我们可以让这些空间，在既定印象中翻转。

> **你可以这样做**
>
> 如果是一个用餐空间的题目，试着让厨房设置在平面中最重要的位置，让厨房空间反转成为核心空间。

b. 舒适的两性空间

在一些有特别偏见的空间，如厨房、厕所、工作空间的周围，加入一些休闲性质的家具，提升这些空间的使用品质。获得提升即代表你是对这些小小的空间投入想法与责任的建筑师。

c. 安全的两性空间

这是最重要的议题，大部分会让人不尊重性别的空间，都是对性别不友善甚至造成疑虑的空间，尤其是管理的死角空间，这时候我们可以用科技与管理的手法来减少安全上的威胁。

最近这几年我们在公共运输设施上，看到很多妇女专用空间、车位，就是利用监控系统，加强对某个场域的管理，这也是我们在设计提案时可以为两性平权贡献的地方。

两性平权空间

安全监控系统

❶ 妇幼安全空间→安全保障
❷ 性别平权空间→自在使用
❸ 妇幼友善空间→友善使用

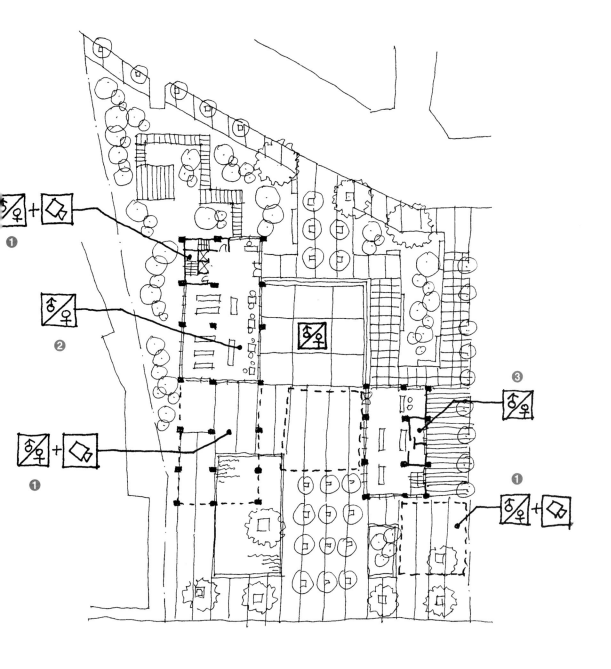

绿建筑的空间思考

建筑的开发营造，就像 2013 年建筑设计都市填充这个题目的内容一样，它是对环境的强烈冲击、会破坏原有的自然与生态的平衡状态。因此一个建筑物的开发，如何形成环境系统中的良好基因，一直是我们这些空间与建筑的专业人士得强力着墨的地方。绿建筑就是可以让我们简单运用、效果卓越的好方法。

这本书，讲的是简单的设计概念养成，我们不讨论深奥的建筑工程技术，我们需要的是，做设计时，要将这些指标要求运用到图面中即可。

这些指标包括：

生物多样性

在你的设计里留下适当的空间，作为生物栖地、绿地。

绿化指标

建筑物的平面、立面、里面、外面都尽可能地加入绿化的元素。

基地保水

在建筑的各种平面上（例如：屋顶、铺面、露台）设置水资源储留设备、涵养水源。

日常节能

选择能够节能的设备，尤其是空调、外壳、照明。

二氧化碳减量

让建筑物的结构更合理的配置与轻量化，并使用耐久、再生的建材。

废弃物减量

营建过程自动化，并减少空污与废弃物产生。

室内环保

让室内的空气、隔音、装修、采光可以更适合生活。

水资源

减少并回收建筑用水，鼓励用水利用、节水器选用。

污水处理

污水与垃圾集中处理，减少对景观环境的影响。

绿建筑标志

 绿化、生态

 保水、水资源、污水

 日常节能

CO_2 二氧化碳，〇〇

垃圾减量

室内环保

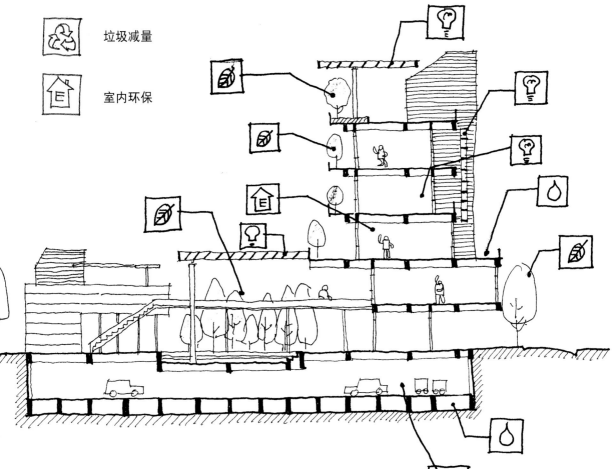

智慧建筑的空间思考

智慧建筑是这几年新兴的名词，发明这套系统的学者专家认为，智慧建筑可以让建筑更安全，能防灾、又健康、很舒适、贴心又便利，最重要的是可以节省能源。

做一个建筑师，要上知天文、下知地理，左读法规、右懂结构，现在又多了一个智慧建筑，我只能叹气地说：我们还得懂网络和电脑。（这真的超过我这白痴的学习能力了。）

做设计的你，有几件事得注意：

❶ 不管新旧建筑都有机会成为智慧建筑。
❷ 要有一个房间接很多电脑和感应器，随时监控所有空间的安全和能源状态。
❸ 要有一个管线空间，向外连接一堆我们搞不懂的设备，例如光纤、什么纤，这些线又可以连接许多神秘的地方，构成一个只有电机系才懂的神秘系统。

历史建筑再利用的空间思考

建筑有两种，一种叫古迹，一种叫历史建筑。

简单见解是，"古迹"没有伟大的历史故事或人物曾在这里发生一些事件，"历史建筑"则有。古迹只是一种单纯的建筑物，不小心很美好地和环境结合，而且展现当时人们的生活文明。

因为上面的定义，设计的环境或基地里有"古迹"的时候，绝对不能去变动它，破坏它。如果是有"历史建筑"，因为它产生的背景和伟大的故事或人物有关，所以可以再利用，但利用的时候记得跟这些人物或故事有关。

除了上面的利用限制外，还有管理维护的要求：
一、日常保养、维修。
二、使用、再利用经营管理。
三、防盗、防灾、保险。
四、紧急应变计划。

建筑设计手法上能做的事情：

❶ 良好的保全措施——监控设备
❷ 良好通风、排水——微气候运用
❸ 主动消防措施——消防设备
❹ 保养、维修——结构安全监控与补强

智慧建筑

基础设施

安全监控设备

网络整合

贴心便利

健康舒适

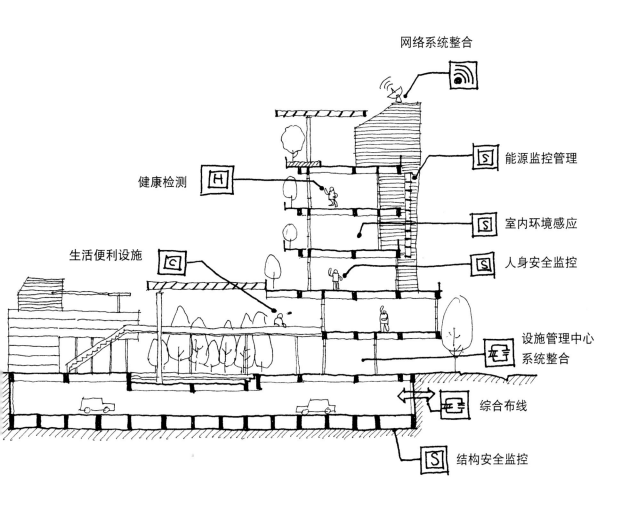

网络系统整合

能源监控管理

健康检测

室内环境感应

人身安全监控

生活便利设施

设施管理中心
系统整合

综合布线

结构安全监控

CHAPTER FOUR

建筑师的武器

建筑空间计划
量化的空间

空间计划的内涵——
建筑是有趣的行为观察

TITLE
4-1

建筑的空间计划——讨论文字的空间化

建筑计划之工作即是将使用者的各种意图，配予适合的空间单元与大小，再将这些空间单元，组织成一个有序的整体空间。因此，这样的空间形态和结构，事实上即为了容纳意图所延伸的"活动与行为""用途"或"机能"。换言之，此在将抽象化的意图，转为适宜的概念性空间。

使用者的有序组织因而必然与其空间组织相互吻合，而组织化的空间就具有该有序组织所含有的意义，空间的组织如社会文化的内部组织一样，可视为由具有独特角色（或地位）的空间单元和其间的关系所构成的整体，其所具有的机能，在于满足某种意图所延伸的特定"活动与行为"或"用途"。

各空间单元之间的关系就是这个整体的内部结构网路。它决定了某种"活动与行为"或"用途"在整体中的空间位置与彼此的联系关系。确定角色与关系是组织空间时必然的过程，亦即空间如何组合或分化，而后如何产生关系。

——摘自 2011 年专技人员考试建筑计划与设计科

上面这段文字，是影响我建筑设计最深的一段。它让我觉得考建筑师是一个有水准的考试（当然我还是很感冒没水准的评分方式）。这段文字说明了一件事，建筑设计不是单纯由结构技术堆迭的学问，它同时也在探讨人、行为、角色与空间之间的关系；但这段文章对于久没阅读的我们来说，实在是很难"读进"脑袋，下一节就简单说明一下。

4-2 感受空间的尺度

建筑不只是纸上冰冷的图面，身为建筑师，
一定要记得用身体感受空间；无论是活泼、庄严、优雅……
当你的建筑能够让人第一刻就产生无以名状的感性共鸣，
而非"说不出来的不舒服"，**建筑的生命力便由此诞生。**

要在建筑师考试里选出最让大家苦恼的一件事，应该是"空间定性定量"吧，这个深刻的问题在考试的设计世界被放大了很多倍。

事实上，这个问题并不是只有在建筑师考试的时候才会出现，开会的时候，业主会要你检讨空间的规模；念书的时候，老师会要你说明怎么定义这些设计里的空间。遇到这种状况，如果对象是业主，那只能摸摸鼻子，从脑袋里变出一点数字给他；如果是老师，有可能连他都说不出个道理。如果你没业主、不用念建筑系、也不用考建筑师，但你很有机会租房子，甚至买房子。所以当你遇到这类问题时该如何面对呢？

累积空间经验

我们每天早上从起床、吃早餐、喝咖啡、赶公车、进公司上班，这一连串过程都不停地在各个空间交换、移动；每次与空间的相遇，都是我们累积空间经验的最佳机会。

吃早餐的时候可以感受桌椅的尺度、颜色、质感；在咖啡馆享受一杯美好的咖啡时，除了灯光和音乐让咖啡香更浓厚以外，咖啡馆的窗台高度、吊灯位置、墙壁材质和质感、地板的样式，甚至是空间高度，也都左右着我们享受咖啡时的美好经验。当然，除了美好"正面"的空间经验，有些时候（……对悲观的人而言可能大部分时间是如此），空间也会给我们不好的"负经验"，譬如：我儿子讨厌整齐排列的升旗操场，代表空荡、冷漠、制式；我老婆讨厌的生意好的面包店，为了几条不起眼的面包，得挤身在宽约七十五厘米，长度约五米的"面包走廊"，加上昏暗的灯光与浓厚温暖的面包味，在盛夏的日子里，短短三米的路程可以耗尽你一天的好心情。对我这样可悲的上班族而言，最糟的空间经验应该是跟业主开例会的会议室……老旧大楼里的老派装修会议室，长约十米、宽约五米、高不到三米，距离远得刚刚好的室内空间，让与会者得像骂人一样拉高嗓门，大声发表高论（其实他什么都不懂）；低矮的天花板加上下沉的投影机，像佛祖的大手，压这我们这些来开会的猴子建筑师，直教人"生不如死"。

不要只说我家的空间经验，来聊聊大家的集体记忆吧，先回到学生时代：放暑假前，空气热得像是不含氧的有毒气体，四五十个血气方刚和正值花样年华的少男少女，白色制服上面有着半湿的汗印，让衣服呈现半肤色的状态；距离我们三米高的吊扇，发出频率固定、声调低沉的叶片旋转声。不被老师喜欢的"坏学生"，坐在距离他八米远的教室垃圾区前面，在每张桌子相距不到七十五厘米的距离，交换每周新出刊的《少年快报》。

数值化 + 情感

空间是人们生活的容器，这个空间容器因为每个人不同的活动，而有不同的空间记忆；而你作为塑造空间的人，可以记下这些构成记忆的尺度，运用在即将被你创造的图面。

回头看看我在前面的描述，如果那是一篇文章，我作为一个空间的艺术家，负责的工作便是为这些语句加入"数值化的尺度"，再为这些抽象数字加入一些情感上的人性意义；就好比音乐家将音符重新排列，将音符转化成动人乐章。

建筑师考试的空间要求，则是少了人与人的尺度，多了城市内空间与空间之间的尺度。想要掌握最小尺度可以从我们最熟悉的"教室空间"开始练习，后面我们将利用这个约 8m×8m 的矩形空间说明如何结合空间与结构。

TITLE

4-3 数值化 空间感受

"空间格"是表达空间面积的尺度单位，许多因素可能影响空间面积大小。有时是存在既有空间，大小无可变动；另外可能以使用人数或活动目的为主要考量。而本节将说明设计实务与考试设计中时可能会出现的四种思考要求。

(1) 直接说出空间的面积需求

直接的空间量描述例如：展示空间 600m² 、友谊空间 480m² 等等，遇到这样的要求，代表出题者认为建筑师的工作是整合各个空间的关系。空间大小由假设的业主根据自身经验提出，出题者不在乎设计师的空间想象，但希望你忠实地将这些"单纯的空间名称"，透过建筑师"有意义地"组合这些空间名称，好让其变成一间"好用"且"实在"的房子。

关于 (1)，你可以这样做

前面的章节提到构成一个空间的基本尺度，是一间 8m×8m 的方形教室。题目简洁说明了空间面积需求，你只需要快速换算为"基本空间格"。

	8m	
		8m =1g

基本空间格	1g=8m×8m=64m²
展示空间	600m²÷64m² ≈ 10g

→代表展示空间约为 10 间教室大，也可以说是 10 个基本空间格

友谊空间	480m²÷64m² ≈ 7.5g

（2）以空间的"使用人数"，说明空间面积的需求

业主最容易以"使用人数"评估空间使用方式和效益，就算不是专业人士，都可以用这个方法来设定一个空间的规模；但是，我们是受过专业空间操作训练的专业人士。业主若是用这样的方式提出基本的空间想象，我们该如何回应？

业主："嗨！建筑师你好，我想盖间可以坐满一百人的餐厅。"
建筑师 A："啊！所以这空间要多大？"
建筑师 B："嗯！很好，我觉得你的想法很明确，这可以是一间很高级的餐厅，大概需要 150m²（大概 50 坪）左右，约 8m×20m 就很够了。

这时建筑师 B 比了比对话的空间，轻松地说大概这间会议室的两倍大。若以此方式假设，那大部分的空间都可以用人数推估空间需求。

如果你是业主，你会用哪一个建筑师？不用讨论都应该选 B 建筑师，但是为什么呢？其中有句最主要的话："大概要 150m²"，你应该会很好奇这句话产生的背景和理由，假设建筑师不是专业的空间经济规划师，你可以大胆地这样设定。若同样都在一个空间内：

- 只有人，没有桌子
  →则每人需要 1m²

- 好几个人用一张桌子
  →则每人需要 1.5m²

- 一人用一张桌子
  →则每人需要 2m²

上面 B 建筑师所面对的空间案例推测容纳 100 人，且好几个人一桌，所以每人要 1.5m²，因此 100×1.5=150m²，此餐厅适合 8m×8m×2.5（约两间半的教室）的空间尺寸。

关于（2），你可以这样做

如果某个题目或者业主提出要求：
❶ 多功能会议室 100 人
❷ 200 人餐厅
❸ 50 人教室

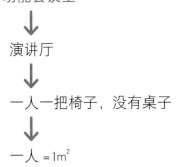

❶
多功能会议室

↓

演讲厅

↓

一人一把椅子，没有桌子

↓

一人 = 1m²

∴ 100 人多功能会议室

= 100 人 × 1m²

= 100m²

→ 100m² ÷ 64m² ≈ 2g（格）

❷

200 人餐厅	200 人 × 1.5m²
↓	= 300m²
很多人一张桌子	→ 300m² ÷ 64 m²
	≈ 5g（格）
↓	
一个人 = 1m²	

❸

50 人教室	50 人教室
↓	= 50 人 × 2m²
一人一张桌子	= 100m²
	→ 100m² ÷ 64 m²
↓	≈ 1.5g（格）
一个人 = 2m²	

（3）以比例说明某空间占整体空间量的比重

当业主或出题老师，以比例表达各个空间的使用需求时，你应该要感到万幸，因为这等于直接告诉你，即将兴建的案子中哪里是重点空间；但这样会衍生另一个问题——总楼地板面积要多大？

回顾一下什么叫"以比例说明各个空间的分配比重"。最有名的题目是2011 年专技设计科考试的"儿童图书馆设计"，题目是这样的：

空间需求

❶ 图书阅览空间

（占总楼地板面积 1／5）

❷ 亲子游戏空间

（约占总楼地板面积 1／10）

❸ 多功能展演空间

（约占总楼地板面积 3／20）

❹ 亲子研习空间

（约占总楼地板面积 3／20）

❺ 行政管理空间

（约占总楼地板面积 1／10）

❽ 其它空间

（约占总楼地板面积 1／10）

建筑师考试中，很重要的一个要求就是：期待通过建筑师考试的建筑师，在未来从事建筑设计时，能够从整体环境考量基地的角色。而以比例说明空间的面积需求，则是希望建筑物的设计人可以先提出有益城市空间的建筑量体；当正确设定量体后，才根据各个空间的重要性与差别，进入细部设定。

关于(**3**)，你可以这样做

请参考前篇章节，"建筑量体该多大"的内容设定题目的建筑规模，再根据各空间比例，定义出不同的空间量。

(**4**)只有空间需求，请设计者提出面积建议

关于这种问题，常让我想起以前大学上设计课，老师要我们做建筑计划；光是思考空间量的设定，就足够耗掉我们一大堆时间，那时我们总会抱怨：我就不相信老师真的知道怎样评估空间量！为什么不能把设计课的时间用在想空间、多画图、多做模型呢？

过了这么多年教设计的经验，我渐渐体验到一件事：作为一个空间的创造者，如果不能掌握空间的基本尺度和需求容量，哪里有资格进一步探讨空间的品质？作为一个空间的艺术家，请好好面对这个基本、单调，却又影响深远的问题。

回头思考前面三个推估空间量的方法，建筑师的责任是将使用者的需要，转换成具体且具尺度的空间。如果定义空间量的责任落在建筑师身上，其实我们可以用倒推的方式找出答案。

关于(**4**)，你可以这样做

方法一：

最适合环境的建筑量体

+

依空间的重要性，将比例分配在建筑量体内

方法二：

用教室作为想象的比较基础，进一步类比想象不同空间的可能大小。

例如：

诊疗室 $= \dfrac{1}{3} \times$ 教室

$\therefore$ 诊疗室 $= 20m^2 \approx \dfrac{1}{3}$ g

方法二很适合用在有陌生机能的题目，大家可以试试看，将身边常常驻足的空间和教室做比较。

TITLE
4-4

法定楼板
面积的运用

容积率是怎么来的？

什么是容积？这本书是要大家从空间的观点，培养对空间的思考。如果用深奥的法律名词说明，就违背了本书的初衷。简单讲，通常会用百分比表示一块土地能盖多少面积，譬如 240% 的容积率，代表每 $1m^2$ 的基地面积，可以盖出 $2.4m^2$ 的楼地板面积；当然，若要认真研究，还有一堆空间定义的问题，我们不在这里多做说明。

先思考一下容积是如何订定出来的。

老实说我不知道，但能想象一个画面：一群学者专家凭着学术上对不同地方的调查，想象出一个被"科学量化"的数值，再根据统治者的政治实力与经济利益，验证数值的正确性，土地价值数据化的结果，也就反映了统治者的财富。

当然这只是我个人偏激不负责任的想象，而且是充满情绪的推测。（作为一个负责任的空间创造与空间教育人员，我还是要宣扬正能量。）

好的，假设真的就像我讲的，容积率的订定无关空间是否美好，无关城市是否宜居，那么身为建筑师或者空间创作者的我们，就是要将这个莫名其妙数值，"美好"地反映在土地上。

有了这个核心思考方式，我们可以产生一个简单的目标，就是无论容积的规定或要求为何，都要创造一个最美好的空间才对得起自己，尤其是不用精准面积的设计。

该不该把容积用完？

我的主要设计业务是集合住宅设计，服务的业主，多半是"土地开发商"，也就是大家口中的建设公司；对他们而言，容积就是赚钱工具，每一平方米、平方厘米都反应着财务上的商业目标，所以"把容积用完"是必然要件。

集合住宅设计是台湾建筑设计产业的主要核心，久而久之，"把容积用完"便成为建筑师的基本工作；但是反过来思考，什么时候不会把容积用完呢？

（1）业主的预算不够。
（2）业主不需要那么多空间。
（3）业主想分阶段把容积用完。
（4）基地上已有即存的建筑物，只要整理、维修，再利用就好了。

没错，就只是这些简单的理由，所以容积不会用完。当我们面对建筑师考试的题目时，请把自己当业主，思考该如何利用题目中的基地，该如何决定容积的使用程度。

NOTE

你可以这样做

- 建筑师不能是唯利是图的建商，你思考的方向应该要有利城市发展，不是有利建商利润。
- 城市发展应该是和谐有序的，因此在决定适当容积量时，建筑量体不能太过突出，不要高过周围量体。
- 过度的容积（楼地板面积），容易造成都市开放空间不足。设计时可以先设定最适宜的"建蔽率"，再决定适当的容积率。
- 可以考虑再利用基地内有即有的建筑，减少过度开发。
- 法定的容积率与建蔽率，规定了基地开发的极限，但不是美好设计的标准。

空间计划与
建筑量体设定

空间计划有四个思考流程：建筑高度、空间属性、空间分布位置与室形。每一种考量都有其出发点和经验基础，不过，这也是建筑有趣的地方，因为在每一环思考架构之中，仍有创意与翻转的可能性。
了解基础，站稳脚步之后，建筑师们请尽管用自己的姿态，大步向前吧！

（1）建筑物高度与规划

容积楼地板面积 ÷30% 建蔽率的建筑面积 = 所需楼层数

上面的式子中，每个数字代表的意义，都和现实生活中的设计不太一样。现实生活的楼地板面积是由很多复杂公式构成的，诚如建筑师公会理事长所说，建筑师的工作已经沦为数学计算，不是做设计。没错，做这工作十多年，我一直搞不懂怎么算出正确面积；所以要如何在考场（或初步）抓出合适的楼板面积总量，就不该用真实生活的计算方式来处理。

除此之外，在较早的时候，前辈建筑师或设计补习班，总是教我们把建筑物画得不成比例的小，好让整个基地充满活泼的开放空间，以获得评审老师的赏识。这样操作的结果，就是常常出现图面中的厕所，比其它重要空间还要大的窘境。

在这个日新月异的时代，人的眼睛早就被电脑的准确性养坏了，看到以上那些没有根据的图面，只会让人觉得不专业。因此，如何让你的图展现出具有全面理性分析的成果，是建筑人该有的基本功。

从建蔽率反推建筑物高度

我们在楼地板面积省略复杂的计算过程，仅以"容积楼地板面积"作为建筑规模的发展依据，也就是"容积率 × 基地面积"。这样的数值结果除了简单计算之外，还有另一个重要意义，就是象征了土地的使用强度，单纯以此作为设计标准，最能表现设计与环境的关系。

关于 30% 建筑率的设定，就是要对应以前把建筑画太小的问题。进入都市计划时代后，都市计划地区内不同分区都被赋于不同的使用强度，也就是我们常听的容积率与建蔽率。前面的章节有说过建蔽率和容积率的运用，这里再强调一次，建蔽率与容积率是一个基地的开发上限，不是必须达到的目标。也许容积率攸关土地的使用效率，需要极大化使用，但建蔽率影响的却是完全相反的问题，代表城市里开放空间的比例与品质。

考场前辈为了释出更多开放空间，曾经教我们缩小建蔽量体的规模；在这个求精准和讲道理的时代，我们也得用科学理性的方法达到这个目标，方法就是找出一个美好的"建蔽率"，而这个建蔽率的参考值是 30%。

当我们在思考建筑量体规模的时候，可以先以 30% 为基准，设定一个楼层的最大楼地板面积，再反推建筑物的楼层数与高度。接着然后画一个阳春的量体透视，检视量体与开放空间的比例；这个小的量体透视图，还能用来评估各个空间，在基地中可能的位置与楼层。

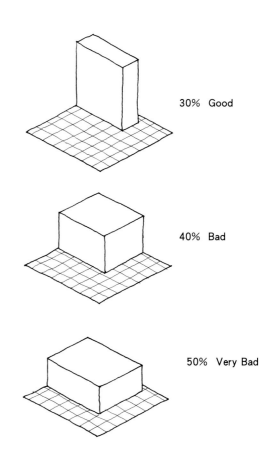

30% Good

40% Bad

50% Very Bad

我们讨论过如何利用基地位置和周围环境条件，接着设定建筑物的高度限制；知道这个限制后，就能从建蔽率的观点，找出最友善环境的开放空间比例与尺度。最后用基础的容积限制，设定建筑物的"楼层数"。

讲到这里，必须帮大家建立一个概念：

建筑物高度⟷城市景观品
建筑物楼层数⟷使用强度

高度与楼层数不是绝对关系，而是相对关系。

从上图可以看出它们的关系。有时候我们被要求的机能与楼地板面积是较大而密集的，这时可以降低楼层高度，以达到某个建筑高度的要求；但有时被限制楼高，就会面临无法达到基本空间量的要求。当遇到此问题，还有一个"量体地下化"的策略。

量体地下化

遇到这个问题的状况应该是这样：

- 机能与楼地板面积（↑）：越高
- 建筑高度（↓）：越低
- 建蔽率（↓）：越低

这时可以考虑将部分量体设置在地下室，并且安排地下室广场空间，延伸地面层的开放空间，加强开放空间的趣味与品质。

(2) 空间属性——室内的动与静

分析环境的时候，会用关键字分析出基地里的三个区域：核心区、动态区域和静态区域。这三个区域分别反映出基地外部的环境与空间性质，所以在基地内以动、静态作为回应的策略，也设定了基地内不同区域的性质。

到了前一个步骤，我们将分析的尺度由大环境渐渐拉回建筑本体，而这个建筑本体本身又是另一个微小的"大环境"；因为这里面充满复杂的使用与机能，这些机能除了要满足题目或业主要求外，还要适当地与外部环境产生关联。这使得建筑内部的空间系统，呈现令人崩溃的相连动关系，这可能是我们作为建筑人最痛苦的一个部分——排平面。

这是个千头万绪的工作，我们需要一个美好的开始，就从为这些空间设定属性开始吧！延续前面的操作逻辑，不要把事情搞得太麻烦，就为这些空间做动态跟静态的设定就好。各位同学，也不要把动静态想得太复杂。简单讲，会吵的，有人走来跑去的叫动态；反过来，如果里面的人都安安静静又不太动，甚至人很少，那就是静态的。

动态室内空间

❶ 有活动

❷ 会吵闹

❸ 人很多

❹ 需要和外界互动

静态室内空间

❶ 没啥特别活动

❷ 安静

❸ 人少

❹ 使用独立

❺ 需要被管制的

(3) 室内空间的楼层位置

决定了每个室内空间的动、静属性后，脑中应该对他们有初步了解了。接下来要设定这些空间在 Z 轴的位置，也就是楼层位置。

跟区别动态，静态一样，这也不是什么困难的事。越需要与人群和开放空间结合的活动，楼层会越接近地面层；而使用越独立，越需要被管制的，通常就会被丢到楼上。

低楼层室内空间

① 需要贴近人群、活动

② 较不需要被管理

高楼层的室内空间

① 使用性质独立

② 进出需要管制

讲这些应该很多人会觉得是骗稿费的废话，但越是废话，越有机会表现出你的想法和别人不同。如果能善用这些大家眼里的废话，就能轻易产生让人眼睛一亮的设计概念。

首先，这些室内空间都是硬梆梆的机能空间，很容易全部被归类到无聊的"静态室内空间"，如果你能为这些空间找出转变为"动态室内空间"的可能。那代表你找到一种新的使用可能性；套一句内行话，这就叫"创意空间"。反之，那些大家都认为很有活动的空间，譬如"多功能展演空间""儿童游戏空间"等，如果你能为这些空间想到静态的可能，就产生了优质有趣的动静空间转换，你的设计也就和大家有不一样的创意手法了。

让空间有创意的方法

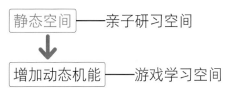

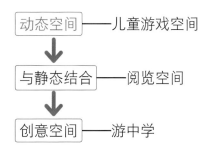

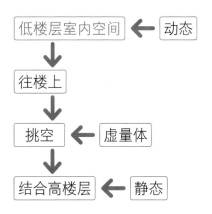

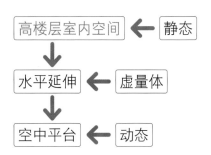

补充思考：为何二楼算是一个可静可动的楼层位置？

(4) 设定"室形"

室形，
使用机能的身材

　　每个人都有他的专长与价值。很多时候，这些专长与价值会反应在个性、表情，甚至是身材。我是个建筑师，常常要动脑并且久坐，常常因为"以为"吃糖可以帮助思考，所以咖啡和糖永远不离嘴，也所以我很肥很胖。

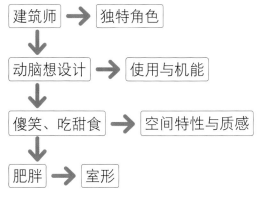

　　就像人一样，"空间"也有属于他们的机能、个性、角色和形状；表演空间会是胖胖的，工作空间可能是瘦长的。有了这些简单的想象，还要搭配我们最爱的空间格"g值"，$\frac{1}{400}$ 的 g 是 8m×8m，则一个简单的展演空间，他的室形应该是 2g×3g。一般来说，若

不是特殊的空间，则他们的空间室形可用短边长 1 到 1.5g 作为标准，向长边做变化。

举例
若阅览空间 ≈ 270m^2 ≈ 4.5g
→1.5g×3g

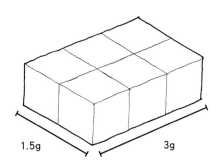

　　完成室形的设定，即完成初步的平面单元定义；有了这样的基础分析，才可以产生有系统的平面组成。

基本建筑规模与
量体呈现

建筑的最基本形状——长方形量体

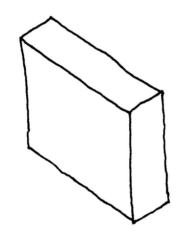

Q1：为什么不是圆形？

A： 圆形是一个很"符号"的形状，"符号"代表某种东西，是专属某件事物的；如果一个形体本身就有很强烈的个性，代表这个形体可能无法和周围环境融合，在发展密集的环境下，很容易变成影响地景的视觉怪物。所以建筑最基本的形状不能是圆形。

Q2：为什么不是正方形？

A： 正方形缺乏正面，令人难以明确辨识出入口位置。

任何一个建筑物都会有入口，虽然不一定在正面，但绝对会在容易有一定识别性的面向。也就是说，建筑物一定有入口，并且会设置在让人知道"入口"位置的那个立面；相对来说，这个有入口的立面，就是该建筑的重要立面"之一"。由此可证，建筑物的量体有方向性，每个立面都该有方向上的意义，而正方形四边都一样长，较难表现出哪个方向是较为重要的立面；相反地，长方形的长边就很容易让人理解建筑量体的正面在哪。

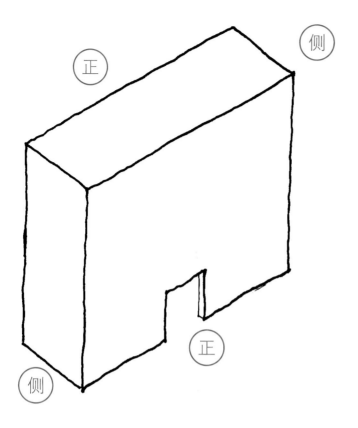

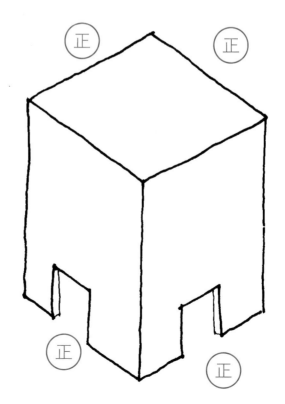

建筑量体计划的操作示范

建筑量体计划操作流程说明

建筑量体计划一操作说明

建筑的范围很大，我示范的基准就以考试的题目来解释。不过，大家也可以当作不同地区对建筑师的要求、或是业主摸不着边际的语言，总之，下面的原则在建筑的设计原理都是共通的，只有后面计算示范是以考题来真实计算。

❶ 念题目、找空间

找出可以构成建筑量体的室内空间，并条列表示空间项目。

❷ 设定空间大小尺度

用前面说明的各种方法，设定各个空间的大小与尺度，并且转换成 g 值。

❸ 大致设定"室形"

以前项设定好的 g 值进一步设定各个机能空间的形状，设定的结果就是"Xg × Yg"。

❹ 设定"楼层"位置

各个空间因活动强度而配置在相对应的楼层。楼层有四种：

　　a. 地面层
　　b. 2F
　　c. 3F 以上
　　d. 地下层

a. 地面层：可以设置活动强度最高的空间，一般会是最需要和主题开放空间结合的空间。

b. **2F**：如果基地因为面积或形状，无法将"需要与地面层开放空间结合"的空间设置于地面层，则可以设置在二楼，透过大型的阶梯将它与地面层串联。

c. **3F 以上**：扣除需要与开放空间结合的空间，剩下的空间都应该往 3F 以上的楼层丢。一来这些空间可能需要私密性，譬如需要较强的管制，如办公室、教室、住家。二来可以减少建筑面积压缩到开放空间。

d. **地下层**: 和"2F"一样，可以透过地下广场与地面层结合，又可以避开大型空间对主建筑结构系统的影响，是一个处理大型量体空间的好方法，但设置不好，会影响开放空间对人潮流动的顺畅性。

❺ 合计总楼地板面积（＝总格数）

加总所有空间的 g 值，准备进一步设定建筑物的量体。

❻ 设定建筑物可能高度

a. 参考周围建筑层数，作为设计建筑的层数与高度。

b. 参考基地所在区域，设定建筑物的楼层数。

都市中 ➡ 8F ～ 15F, 或 15F 以上。

城市边缘 ➡ 4F ～ 7F

乡村 ➡ 1F ～ 3F

c. 8F ～ 15F、4F ～ 7F、1F ～ 3F 是三个楼层数的合理区域都可以运用。

❼ 用"最优建蔽率"，以总 g 值反推楼层数

最优建蔽率为 30%，一个建筑与空地的最美好比例。

❽ 比较 ❻ 和 ❼ 决定建筑高度

以 ❻ 为优先，倘若差距太大，以 ❻ 为主。

❾ 绘制阳春量体

须将基地边长换算成 g 值，使大脑能够感受基地的大小与尺度。

范例 **2008 年设计跨国企业员工度假中心**

步骤 ❶ 列空间		设定大小		设定室形		设定楼层
❶ 度假小屋 （30 间）	→	？（非设计内容）	→	无	→	1F
❷ 学员宿舍 （30m²/10 间）	→	5g	→	1g×0.5 g×10	→	2F
❸ 研习教室 （48m²）	→	1g	→	1g×1g	→	2F
❹ 创意工作室 （18m²×10）	→	3g	→	1g×3g	→	2F
❺ 器材准备室 （24m²）	→	0.5g	→	1g×0.5g	→	2F
❻ 讲师办公室 （24m²×2）	→	≈1g	→	1g×1g	→	2F
❼ 交谊空间 （自订）	→	3g （假设与餐厅一样大）	→	1g×3g	→	1F
❽（娱乐空间 乒乓 48m²、 撞球 36m²、 游戏 36m²、 健身 90m²）	→	合计 210m² ≈ 4g → 1g×3g	→	1g×3g	→	1F
❾ 餐厅 （120 人）	→	≈120m² ≈ 3g	→	1g×3g	→	1F
❿ 行政 （96 m²）	→	≈1 g	→	1g×1g	→	2F

量体计划步骤示范表（Ⅱ）

步骤 ❺ 合计总楼板面积

2F 以上： 12g

  +   1F： 10g

------

        22 g

步骤 ❻ 楼层设定

- 乡村区 ➡ 3F 以下

步骤 ❼

- 基地尺度与建蔽思考
  - ➡ A： 150m×160m ≈ 18g×18g
  - ➡ 18g×18g×0.3
    - ≈ 97.2 g
  - ➡ 本设计空间需求为 22 g，小于建筑物面积（30% 建蔽率） 97.2 g
- ∴ 仅需于地面层设置建筑量体即可

步骤 ❽

假设可能量体规模

↳ 1g × 11g × 2 幢 =22g

    1g × 6g × 4 幢 =24g

步骤 ❾

量体示意图

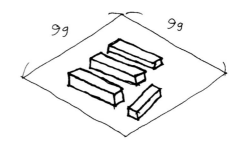

CHAPTER FIVE

建筑师要对·环境充满想象与关怀·

切配置，找出基地里不同特色的区域。

TITLE

5-1

配置
是用切的

配置的安排根据题目里的关键字，**用不同比例"切"出基地内的不同区域**。"切"是精确且明快的动作，因为此时还不需要加入太多创意，**先根据环境条件与题目需求，找到边界、主要活动区和核心区**，形同建筑物落定的雏形，再慢慢添进各种变化。

开始画配置

学生时期画平面时，太在意细微的尺度，怕做出不能用的空间，显出自己的不专业；进入建筑业又被太多法规的数字控制，想画出美好没拘束的设计，反而绑手绑脚，无法完整表现将脑中的想法概念。这一切原因都来自你的脑袋——只有数值，没有空间的尺度。要解决这个问题，先从"切配置"开始。

"切"本身不带任何烦恼，只是单纯的动作。唯一要思考的就是为何而切，如何下刀。要为每一刀下定义、做判断，用源自题目的每个字句，思考定义和判断。

找出题目里最重要的关键字
——找出基地的正面

最重要的一句话，决定出基地中最重要的边界；这个边界就是基地的正面。但有时这句话很抽象，很难跟图面中的基地配置图联想在一起，这时候就是一个很好的思考训练机会，利用关系的联想，提升脑袋的思考能力。

有些题目强调环境问题，像是当题目说"城市太拥挤"，你就很容易联想到，找出基地周围最拥挤的地方当成重要边界，再以设计手法解决拥挤问题。

有些题目则希望建筑师能"与邻为善"，那基地中最重要的边界就是有最主要邻居的那个边界。

有的题目在乎与现有建筑的关系，那最重要的边界便会紧靠这个现有建筑。

有的时候，影响重要边界产生的关键字不在题目的文字里，而在题目的基地现况配置图里；譬如奇怪的老房子、有意义的历史建筑等等，下笔切配置的时候，就得将重要边界往他们靠拢。

找出产生主要活动的区域

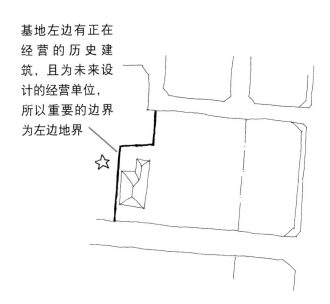

基地左边有正在经营的历史建筑，且为未来设计的经营单位，所以重要的边界为左边地界

2013 年设计 - 都市填充
最重要关键字，环境关键字 ➜ 基地内既有历史建筑，现为基金会经营

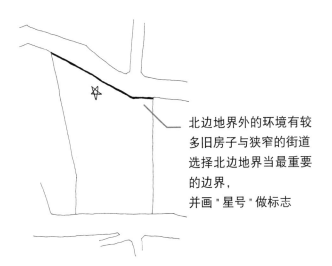

北边地界外的环境有较多旧房子与狭窄的街道选择北边地界当最重要的边界，
并画"星号"做标志

2016 年设计 - 社区图书馆设计
最重要关键字，议题关键字"老旧拥挤的城市"。

2015 年敷地计划——最重要关键字
环境关键字 ➤ 基地内的两棵大树
基地周围没有太特殊的东西，使得基地既有的大树成为
重要的设计影响因素。
右边的地界为重要边界。

2011 年设计——最重要关键字
(1) 环境关键字——公园
(2) 议题关键字——共生
"公园"为基地周围最有"共生"条件的设
计因素。
基地左侧边界为"最重要边界"。

❶ **画星星找重要边界**

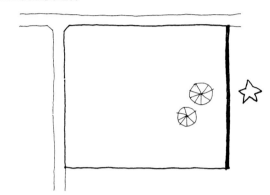
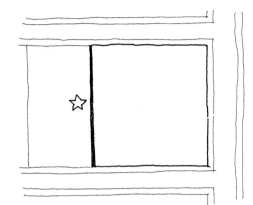

❷ **垂直重要边界的纵深三等分**

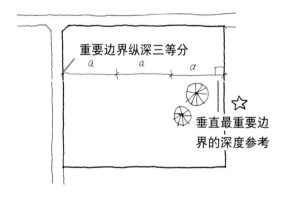
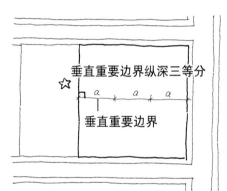

❸ **分出重要与不重要的区域**

基地中比较不重要的 1/3

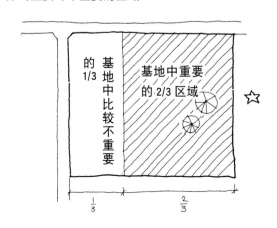

重要 $\frac{2}{3}$ 活动区

确定了基地的重要边界后，就可以进行下一步：找出基地内的主要活动区域。我称之为"重要 $\frac{2}{3}$ 活动区"。先初步说明什么是"重要 $\frac{2}{3}$ 活动区"，就是这个区域内，未来会产生设计里的"主题开放空间"（请参考之前对五大区域的说明）。

然而操作至此，我们还没有足够的参考线索，能够明确定义出主题开放空间的范围，因此只做第一阶段的区位定义。然而这个 $\frac{2}{3}$ 是什么？它是垂直于最重要边界的基地深度。三等分后，邻重要边界的 $\frac{2}{3}$ 范围。

室外开放空间

室外开放空间也是一样的观念，可以在切配置的阶段，将配置图视为开放空间的"系统图"；只是单纯以矩形，回应环境与题目的设计条件与解题线索，还不用加入创意的形体思考。

这时候你会有第二个质疑：不是强调要"正方形"吗？这时候又变成"矩形"了。没错，当你认同这时的配置只是开放空间的系统图，所有区域应该只是简单的矩形后，我们来说明一下矩形和正方形的差异。

矩形 vs 正方形

正方形是矩形的一种，差别在于边长比例不同。细长矩形的长宽比大，形状狭长，有一种流动的不稳定感受；正方形的长宽比是 1:1，没有特定的方向感，给人稳定而聚集的感受，因此很适合作为宣示目的地空间领域，这样讲应该很能理解了。但单纯的正方形，确实也容易沦为呆板的形式，为了增加空间的趣味性与创意，应该在完成"开放空间的系统图"后，以有趣的形式为空间加入特色。

在 $\frac{2}{3}$ 里找出正方形
——找出基地里的"核心区"

上一个步骤找出了基地里的主要活动范围，我们还得找出这个区域的"重要正方形"，也可以称为基地里的核心区。之后除非量体太大或太小，否则这个核心区应该就是题目世界里的"主题开放空间"。

接下来说明如何找出这个正方形——"重要 $\frac{2}{3}$ 活动区"会有一个较短的基地边界，请依此作为正方形的其中一边，画出完整的正方形。有的人会问为什么是正方形，不能是圆形、长方形或任何不规则形状吗？

如果你也有这问题，麻烦这样思考看看：我们通常是用矩形，作为初步规划建筑室内平面的图画形状，不会用特殊形状去画室内空间的平面；在置入创意概念思考前，这个平面图纯粹是一堆矩形的组合，并不是最后的完成图，这阶段说是平面的系统图也不为过；等到设计的概念与创意想法成形，才会将这些圆的、扁的轮廓加到矩形的平面内，让平面产生有趣的边缘。（核心正方形的位置在后面章节说明。）

2014 年敷地计划——

❶ 最重要边界

KEY WORD 河岸绿带

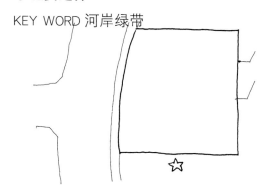

❷ 垂直最重要边界纵深三等分

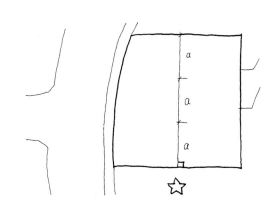

❸ 找出重要的 $\frac{2}{3}$ 区域

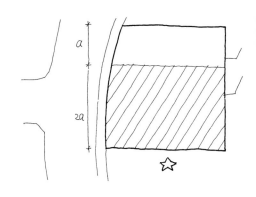

❹ 在重要的 2/3 区域内，找出短边 2a，进
而以 2a 宽度找出 2ax2a 的正方形

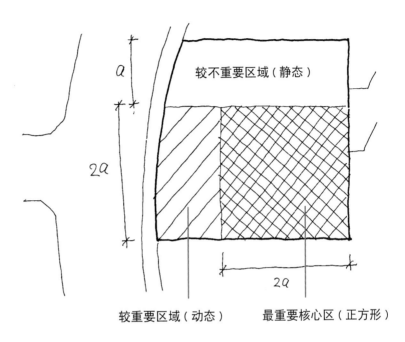

较不重要区域（静态）

a

$2a$

$2a$

较重要区域（动态）　　最重要核心区（正方形）

产生正方形的
核心区

用关键字找出核心区的位置

我们在前面利用了最重要边界的纵深，产生基地的"重要$\frac{2}{3}$活动区"，然后知道要用正方形去定义整个基地的核心区；但核心区只是重要$\frac{2}{3}$活动区的一部分，因此位置很可能是浮动的。延续前面的观点，我们一样需要利用"关键字"，来设定核心区的位置。

这个关键字影响的范围，只单纯针对重要$\frac{2}{3}$活动区，且这个关键字可能不会出现在题目的文字里，而是出现在基地现况配置图。因此，除了在题目里搜索可以运用的关键字外，最好还能列表关键字，因为"列表"这个书写动作可以带来深刻印象，能快速的从关键字找出可以运用的对象。

如果你懒得列表关键字，至少得完整地在图纸上清楚复制基地现况，才有充足的设计"线索"。

核心区的定义

扣掉找关键字的过程，开始讨论"核心区"的定义。以"2007 年设计文史工作室"为例，有四个重要关键字：

（1）北：绿地与公园
（2）东：有意义的旧建筑街区
（3）西：新建的集合住宅社区
（4）南：老屋图书馆

题目中重要的关键字先假设是："社区意识强烈希望保存历史建筑"，因为

●　●　●

这句话，我们可以将最重要的基地边界与南边的社区图书馆结合，因此最重要边界为南边的地界。由南边地界往北边纵深 $\dfrac{2}{3}$ 范围为"主要活动区"。

接下来开始找可以定位出"核心区"的线索。前面我们讲的五个项目中，已经用掉了"社区意识强烈"与"南边有老屋图书馆"，剩下的三个，最能呼应有意义历史建筑的关键字，应该是"东侧有意义的旧建筑街区"。这句话影响的范围在重要 $\dfrac{2}{3}$ 区域的右边，也就是说，如果核心区是正方形，往右靠则该区域同时联结到南边老屋与东边街区，可以同时发挥基地东侧与南侧的重要历史建筑价值。因此便找出基地中的核心区与其位置。

❶ 最重要 key word

历史建筑社区图书馆

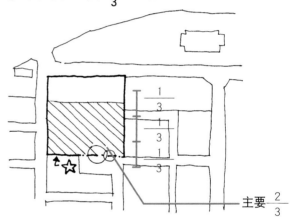

最重要边界

❷ 找出最重要 $\dfrac{2}{3}$ 区域

主要 $\dfrac{2}{3}$

❸ 次重要边界 key word

东边有意义旧建筑街区

东边地界为次重要地界

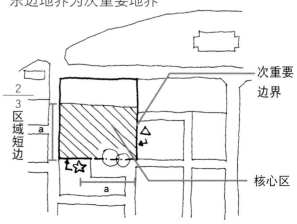

次重要边界

核心区

❹ 最重要核心正方形

向次重要边界靠拢，
使核心正方形同时连接南边与东边
找出核心正方形的位置

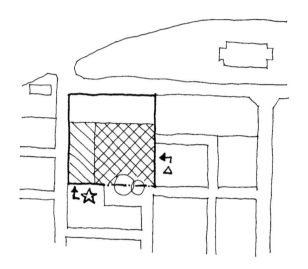

为"核心区"下注解
——在图面加入文字分析

设计发展的每个过程，都该有关键字与文字分析来说明每个步骤，以及每个图面产生的原因与对应策略。在前几页切配置时，我们不断强调，最重要的关键字如何产生最重要的基地边界，进而推寻出基地里的"重要区域"与"核心区"。当图画发展至此，已经运用了几个关键字；之所以选用这些关键字，都有我们想了老半天的理由，这时候就是运用这些想法和理由的最好机会。因为这些理由都不是乱掰的，而是能让基地分出不同区域与不同个性。

我们可以用下面的方式，表现各个关键字的运用策略：

空间名称
□ Key word
┗➤策略

基地核心区
□ 社区意识强烈
□ 南边老屋图书馆
□ 南边老树
　　┗➤ 以基地南方区域作为主要活动区
　　┗➤ 延续老屋使用与社区记忆

在图面上，可以用引线与基地配置联结，即成为有力的设计思考说明文字。

找到
入口与车道

空间成立之后，第一个在其中流动的是人，第二就是车了。人是多是少、是分散进出来是大量涌现，背后有其环境因素，贴近因素才能诞生符合需求的设计，千万不要只看见表面的流动情形。至于车辆也代表了该地车速表现与道路宽窄，规划车辆进出的同时更要顾及人行安全。

•

•

•

基地的入口开放空间——
环境人潮分析

这里要讨论人潮如何进入基地。在我们的学习过程中，关于基地周围环境的人潮分析，很容易沦为箭头符号的人潮方向纪录，反而忽略这些人潮如何影响对基地的分析。这不是我们脑袋有问题，而是我们忘记对这个再普通不过的分析题，做一个明确的分析目标设定。

对于分析基地环境中的人潮，我们要先思考这个分析项目是为了在设计上呈现什么结果。简单来说，就是思考人群会如何"进入"我们即将设计的"基地"。回到基地最原始的状态，人要进入基地只有一个方法，就是：

穿越基地的边界

我们在前面的章节，一直强调如何用基地的边界，设定基地的不同区域；现在一样要利用边界，找出基地与人潮的关系——人潮分析就是找出人穿越边界，进入基地的可能方法。

我们可以用时间长短区分进入基地的方式，简单分为两类：

（1）"瞬时集中"穿越边界
（2）"常态分散"穿越边界

"瞬时集中"的人群

试着思考什么时候会突然涌出大量人群同时移动，日常生活中最常发生的地点就是校园、捷运站出入口、表演场所……以上地点会有瞬间而大量的人群，往某些特定或非特定的方向移动。如果我们要设计的建筑，诉求是开放且希望吸引人群，那我们就得善用这个人潮特色，在基地里留设相对应的空间来吸收人群。

相反地，如果要设计的建筑，是封闭的且不希望被干扰，譬如住宅、安养院等等，那设计时就得适当配置入口与建筑量体，避开人群干扰。

"常态分散"的人群

如果我们要设计的基地旁，有一多户数集合住宅社区。这个社区的人如果有机会进入基地，通常是不定时也无特定对象，就可以将之视为常态而分散的人群。另一种状况可能是基地周围有商业区或沿街的骑楼建筑，这些区域很容易吸引人群，但这些人群通常是分散且流动的。

如何处理人群

大家都知道，要留设入口开放空间来对应这些人群，但我们还可以用更进一步的方法来归类与处理。

瞬时集中 → 点对点
常态分散 → 线对线

❶ 点对点：

这跟前面一样不难想象，当基地外部有同时移动的集中人群时，我们可以在基地内设置一个入口点，让人群有目标地往基地移动；相反地，如果我们不希望人群干扰基地，可以用点的隔绝空间，明确做出"反向回应"。当然在考试的设计世界中，大部分都是要求充分开放或连接外在环境，以便对整体环境与空间有善意的回馈。

❷ 线对线：（＝"带状"）

如果基地有完整边界相邻某些邻地或公共设施，则人群通常会以分散的状态，零碎地进入基地，也就是说整个基地边界如同带状的入口空间，让人较无方向限制地进入基地。

有时候是城市中的骑楼空间，往基地做长度的延伸；因为骑楼从邻地延伸而来，因此人群也会随着骑楼往基地流动，骑楼就是一个明确的带状入口空间，让人群自由穿越边界。

如果都不是呢？

有种比较麻烦的状况，就是当基地隔着道路，对望相邻设施或绿地时，人群会是点状还是带状地进入基地呢？

第一层思考：**道路宽度**

如果道路很宽，当然人会考虑遵循红绿灯，过马路进入基地；如果是小巷道，你甚至可以改变道路的铺面，做相邻基地的联结。如果是透过红绿灯进入基地，那就是点对点的方法；反之，则可以把道路当绿地的一部分，以带状开放空间吸引人群进入。

第二层思考：**对面的设施**

设施的用途若使用人数与活动强度越高，则基地越有机会以固定范围的点对点面对邻地；如果是低密度低强度的使用，则可选择较低调的空间氛围，也就是用平和的"带状空间"来应对。

NOTE

说到这里，我们便可以简单定义基地的入口开放空间。它有块状和带状，然而在这个阶段只需要定义入口开放空间的形状，不需要确定表现出来的空间范围。入口开放空间的明确范围，可以于最后画配置铺面时再进一步设定。

点状

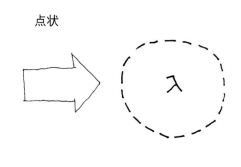

带状

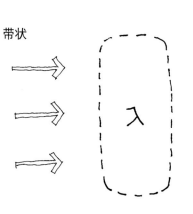

2014 年敷地计划

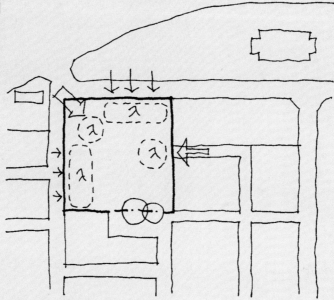

2007 年建筑设计

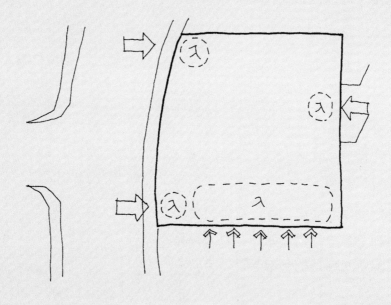

基地中的停车入口空间——
基地环境的交通分析

基地环境的交通通常不会是文字里的重点，但是它影响基地每个边界的安全与使用舒适度，是建筑设计中的重要影响因素。作为一个建筑师，能敏锐判断交通对基地的影响是基本要求，我们可以从"街道宽度"和"街道两侧的使用性质"做简单判断。

判断的目标是定出道路的使用强度，基地针对不同的使用强度有相对的设计策略。我在设计操作的步骤里，将道路分成三个简单的层级。

❶ 快速车流
❷ 中速车流
❸ 慢速车流

讲到这，一样，你可能还是会觉得这是有讲跟没讲一样的废话，这真是一本废话之书。没错，我总是认为"建筑"就是一个再简单不过的废话学问，只要善用这些简单的废话，就可以做出合于"生活基本要求"的好设计。我们继续讨论如何运用这个废话学问吧！

● ● ●

车流A 快速车流

快速车流代表当车辆通过这条道路经过基地，不太会受到阻碍。

人行动线与快速车流的关系是对立的，面对有速度需求的道路，人的行为需要避免干扰车流，否则会降低区域间交流联通的品质。

当基地内遇到这种道路也是充满痛苦的，因为你得保护小朋友不误闯马路，发生意外；你得种很多大树来吸一吸它们最爱的"废气"，并且让树群帮你隔绝讨厌的噪音；你得留设足够的人行空间，让改图老师感受到你对"人车分离"的用心。

车流B 中速车道

中速车道不是说车子开在这条路上就会自动慢下来，而是因为路上有很多为了让行人安全穿越的红绿灯，车子会因此减速。这是我们生活环境中比例最多的道路，因为有明显的道路交汇，所以也有清楚的人潮汇集；这样的人潮汇集点，如果不是主要开放空间，也该是美好的"道路人行开放空间"。别忘了建筑师的社会责任，是为城市空间创造友善角落与美好的使用。

这种车流也代表一个重要的思考可能，就是这条道路可以作为基地停车空间的出入口，为什么？因为每次车辆进出基地，都会影响原有的车行或人行的连续性。简单讲，若停车出入口设在快速道路会影响车流，设在重要人行道路会影响行人安全；因此适合设置在"中速车流"的道路上。

 慢速车流

至于多慢才叫慢，大家可以回想自己体验过的空间：驾驶搞错路把车子开进车辆禁入的地方——夜市；这些开进夜市里的车子，就像把没有四轮转动的轿车开到沙滩上，举步维艰，动弹不得。

如果一条路，会让车子必须礼让行人，我们就可以定义这条路为"慢速车流"。

会出现这种道路的原因只有两个：第一就是路太窄，第二就是人很多。尤其台湾在路太窄的情况下，可能两边还停满了汽机车，驾驶为了闪避当然车速就慢；当车速一慢，人群就更放心地漫步其中，才不管有没有车子被卡住。

另一个情况是人太多，人太多当然要减速慢行，但是我们反而要注意造成人多的原因。譬如可能是因为道路两边有热闹的商业活动，也可能因为邻近校园，有很多学生在上面游走。

路窄人多令车子减低车速来友善行人，因此在设计时甚至可以大胆将这样的街道视为基地内的开放空间，与基地整体结合，除了可以加强基地与外部环境的结合，更可以强化基地内部开放空间的品质。

交通分析的结论

快速车流

□ 道路 >15m

□ 区域性连续道路

↳ 有噪音→ 绿带设施，隔绝或远离

↳ 有废气→ 绿带过滤

↳ 影响人行安全→ 设置步行通路，使人车分离

↳ 影响基地内使用→ 以树阵广场围塑开放空间

↳ 影响基地与外部环境联结→ 可以做步行桥联通

中速车流

□ 道路 8m 至 15m

□ 有斑马线供穿越

↳ 车辆移动受号志管理 → 设置停车出入口，不影响原有车流

↳ 路口交叉处，人群汇集 → 可设置人行开放空间，友善环境与基地内的非"核心区"、"重要区"邻接，不可设置停车空间

慢速车流 ○○○○○▷

□ 道路 < 8m

□ 道路两侧有强烈商业活动

□ 即有巷道

↳ 车速缓慢 → 可作为基地范围的延伸，扩张开放空间范围

↳ 以行人为主 → 可在配置上改变铺面形式，强化行人路权。

图例

2016 年建筑设计   **2014 年敷地计划**

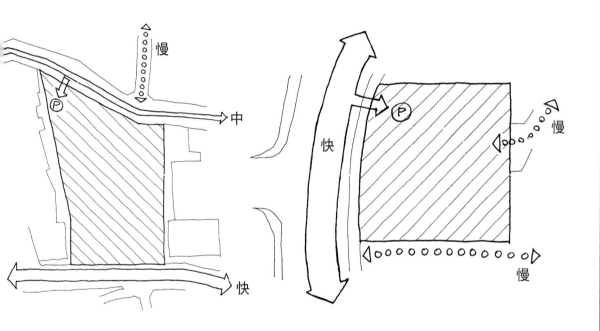

　　我称上面的章节为"切配置"，在考场可视为"基地环境分析"的步骤。以往都是把基地环境分析当成设计完成后的补充说明，以符合题目的做答项目要求，但现在可以更积极地视为整个设计过程的思考起点，不要只当成一个被要求的图面。如此可以让我们更有效地利用每个图画做设计思考，提升设计的准确度。

　　如果，把"切配置"当设计思考的一部分，那做完交通分析之后还有几个步骤，可以加强"基地环境分析"的完整度。

加入 Hatch

完成切配置，成为基地环境分析之后，
加上背景线条就能让人一眼看出每个空间的特性。
不用复杂的文字说明，只要横竖疏密不同的直线就能点出用意，
像是建筑人的快速密语。

❶ 填入还没运用的关键字，加强各分区的特质

前面我们用题目里最重要和第二重要的关键字，定出 $\frac{2}{3}$ 活动区和核心区；利用道路和人潮，定义停车和入口空间。但通常还有很多关键字没被运用到，这些关键字可以对应到相关位置，变成各个区域的有力说明文字，为各个分区加入更有说服力的论点。有时候可以为次要开放空间加上，不输"主题"或"入口"开放空间的特殊空间主题。

❷ 为不同区域加入具方向感的 Hatch

完成整个基地环境分析的图面与文字后，每个分区都只是空白的矩形方块。虽然方块与方块区域之间有不同大小比例和形状，来区隔彼此的差异，但阅读时还是不能让读图的人很直觉地感受到空间特性。也许你有丰富的文字说明，但读图的人可能没有充足时间去细读每个字，因此在图面加入代表不同意义的 hatch，即可补足上述问题。

Hatch 也有四种型式

- 平行线
- 格子线
- 较密的平行线
- 较密的格子线

　　不同区域上的 hatch，也有简单顺序可以依循。

（1）　核心区（格子线）

（2）　次要活动（平行线）
　　　核心区外的 $\frac{2}{3}$ 区域

（3）　其它区域（较密平行线）

（4）　没有邻接道路的其它区域（较密格子线）

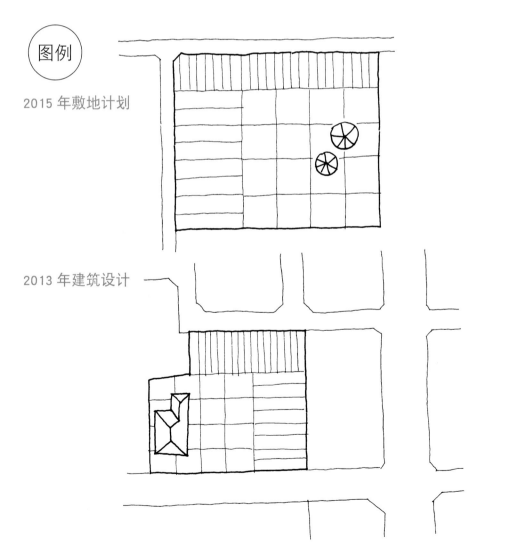

图例

2015 年敷地计划

2013 年建筑设计

（1）核心区——格子线

我们找到的核心区是个正方形的区域，加上格子 hatch 后，让人在视觉上有停留与聚集的效果；在空间上，则有围塑与凝聚的空间感，正好适合核心区的空间特色。

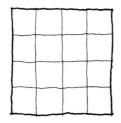

（2）次要活动区——平行线

次要活动区是 $\frac{2}{3}$ 区域非核心区的部分，通常形状不是正方形，在空间的特性上会是核心区的附属；在图形的表现上，可以用具方向感的平行线，并参考人潮的方向，绘制平行于人潮方向的平行线。产生将人牵引入核心区或其它区域的结果。

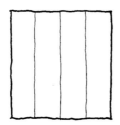

（3）没有邻接道路的其它区域——
**　　较密的格子线**

所谓较密的格子线，讲的是线与线的间距，为前面平行线的 $\frac{1}{2}$，就能让两区域产生很大差距，也是希望利用这种间距的视觉差异，来突显空间性质。甚至利用疏密变化来加强重要区域的视觉存在感，像是间距越疏，在画面上有留白的效果，容易被突显出来。回到对于"没有邻接道路的其它区域"，我们以较密的格子 hatch 来表示，是为了加强这个区域的边界感，使视觉动线有结尾的效果。

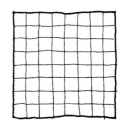

（4）有邻接道路的其它区域——
**　　较密的平行线**

这个区域除了是基地边缘，也因为邻接道路而负有引导人群方向的功能，因此用较密集的平行线来表现，线段的间距和前面第三点的区域一致。

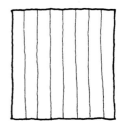

CHAPTER SIX

建筑师的头脑要像·科学家一样充满逻辑性·

画泡泡空间，架构空间系统。

6-1 新品种的 空间泡泡图

泡泡图是空间次序铺排的基本概念工具，传统泡泡图或许因为功能有限，随着建案越趋复杂便很少使用，但是设计概念的基本工可不能因此缺失。所以，是时候认识新品种泡泡图了，结合空间格的做法，让泡泡图再次成为设计者的逻辑好帮手。

重新了解与熟悉泡泡图

2011 年设计题目"儿童图书馆"，有一段话很经典："使用者的有序组织必然与空间组织相互吻合，而组织化的空间就具有该有序组织所含有的意义。"

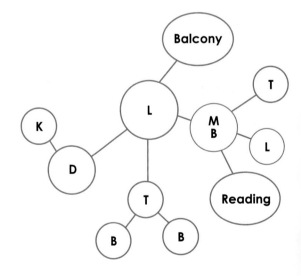

这句话讲白了，就是我们念书的时候，老师要我们画的泡泡图。泡泡图由很多大小不同的圈圈组成，并且用简单的联结符号相互串连圈圈，这样的串联，表现出空间圈圈之间的关系。

上图是简单的小家庭空间组合，显示居家空间的四种机能层级——用餐、主卧、次卧、工作阳台；这是我们很熟悉的日常生活空间形态。

随着年岁渐长，接触的设计类型越来越广泛复杂，也越来越难用单纯的空间经验来进行空间组成系统，不过相信多数人到了这阶段，也渐渐冷落了这个基本的分析工具，连带就忘了"空间有序组织"对建筑的影响。泡泡图不是帅气的图面，很多时候甚至被当作落后不先进的图面，别这样，它会陪你走过入门建筑的头年，未来的日子里，还是可以当你设计的战友。

认识新品种的泡泡图

传统的泡泡图是用很多大小不同的圆圈，和联结线段表现各个空间彼此的关系，但仅能表现出空间的重要性差异。为了利于后面各个设计操作的发展，我们可以结合空间格。

将泡泡图直接转变成类似平面形态，将泡泡图的圈形图改成矩形图。

从上图可以看到，这个矩形也不是四四方方的普通矩形，它的四个尖角是圆滑的弧线。会希望将尖角画成圆角，是因为尖角很容易引发建筑人无聊的绘图美学要求，我总是怕这样小小的美学要求中断了思绪。如果将各个尖角改成圆角，可以让设计者像画圈圈一样，快速地用简单一笔画出来，这样速度才跟得上脑袋和眼睛运作的速度。

产生泡泡群

在空间计划的阶段，我们会区别出各个室内空间的动静态属性，并且安排在基地内的特定动静态区域。因此，基地内的各个分区便产生了不同空间的集合，称为"空间泡泡群"。

因为动静态差异，空间泡泡群在基地内可能是一个集合的大群体，也可能是分散的许多独立小群体。回到建筑设计的说法，我们可以将这个过程视为是否"分栋"的思考过程。

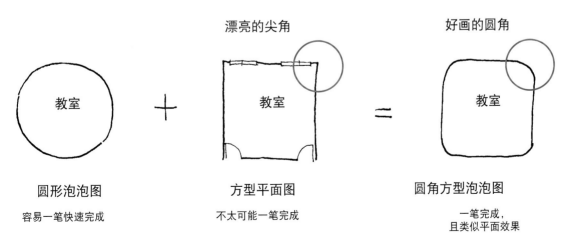

漂亮的尖角　　　　好画的圆角

圆形泡泡图　　　　方型平面图　　　　圆角方型泡泡图

容易一笔快速完成　　不太可能一笔完成　　一笔完成，
且类似平面效果

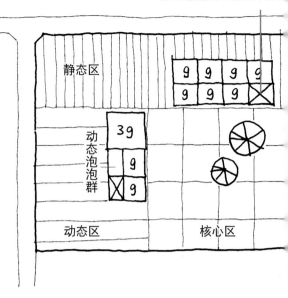

范例 2011 年设计，儿童图画馆设计

图画阅览空间 $\longrightarrow \frac{2}{10}$ FLA $\longrightarrow$ 静

亲子游戏空间 $\longrightarrow \frac{1}{10}$ FLA $\longrightarrow$ 动

展演多功能 $\longrightarrow \frac{1.5}{10}$ FLA $\longrightarrow$ 动

亲子研习空间 $\longrightarrow \frac{1.5}{10}$ FLA $\longrightarrow$ 静

行政管理空间 $\longrightarrow \frac{1}{10}$ FLA $\longrightarrow$ 静

其它 $\longrightarrow$ 公设（$\frac{3}{10}$）

泡泡群的总量与高度

我们在前面的空间计划，将每个空间都设定"g"值，到了这个泡泡群产生的阶段，便因为这些先前设定的 g 值，而有了精确的楼地板总量。同时我们还得利用"基地环境分析"时定的高度发展限制，回推泡泡群的楼层数。

泡泡群

FLA $\longrightarrow$ A $\times$ 1.2=5070m^2

总楼地板面积（FLA）

$\longrightarrow$ A $\times$ 1.2=5070m^2

❶ 图书空间楼地板面积

$\longrightarrow$ 5070 $\times \frac{2}{10}$ =1014m^2

$\longrightarrow$ 1014 $\div$ 64（g）$\approx$ 16g

换算空间格

$\longrightarrow$ 1014m^2 $\div$ 64m^2 $\approx$ 16g

❷ 研习空间

$\longrightarrow$ 5070 $\times$ （$\frac{1.5}{10}$）=760

$\longrightarrow$ 760 $\div$ 64（g）$\approx$ 10g

❸ 行政空间

$\longrightarrow$ 5070 $\times$ （$\frac{1}{10}$）=507

$\longrightarrow$ 507 $\div$ 64（g）$\approx$ 8g

$\therefore$ 此泡泡群总"g"值

$\longrightarrow$ 16+10+8=34g

假设经过分析，量体的适当高度为 15m（请参考前篇内文），约为 4 个楼层。可得"静态泡泡群"的每个楼层约为 2g $\times$ 5g（或 2.5g $\times$ 4g）的平面空间量。

★结论：这个"静态泡泡群"的量体约为 **2.5g $\times$ 4g $\times$ 4F**。

Q : 为何不是 1g×8g 或 3g×3g ？

A

❶ 假设一个楼层的平面形状为 1g×8g，平面会变成

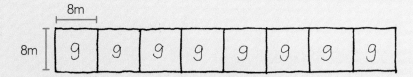

此种结构系统不好，也不容易配置公共设施如梯间、走廊、厕所。

❷ 如果是 3g×3g，会有一个很长的矩边，在平面容易产生暗房。

且形体均质，不容易围塑开放空间。

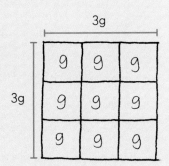

找出泡泡在基地内的位置

决定好泡泡群的量体规模后，可以进一步将这个立体的泡泡群放在正确位置。这个位置跟它所属基地的分区边界有密切关系。我们最早在切配置阶段，利用"比例"观念将基地分出不同区域：

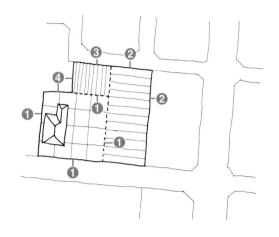

① 第一边界：临核心区边界
② 第二边界：有特殊意义没有临核心区边界
③ 第三边界：临路但较无意义的边界
④ 第四边界：未临路，但较无意义的边界

- 核心区 ——→ 主题开放空间所属区域
- 动态区域 ——→ 动态室内空间与活动所属区域
- 静态区域 ——→ 静态室内空间所属区域

除了订出不同的区域外，也因为这些分区产生了很多基地内的"区域分界线"。这些分界线不只是界定每个区域的范围和大小，还有一个很好用的功能——作为建筑物"放在"基地内的"定位参考线"。每个基地内的动静态分区，都至少有四个方向的边界：

① 第一边界：临核心区的边界
② 第二边界：具有特殊意义的边界
③ 第三、四边界：较无特殊意义的边界

不同的分区定义出各自的边界后，泡泡群即可依据它们的性质去"靠"在边界上。记住，是"靠"在边界上，强调这个字眼是为了设计者有操作上的思考程序，而且能结合感受，使这些设计程序成为直觉动作，不要花太多时间去做模糊的决定。

如果一个泡泡群的空间属性，适合靠近核心区（未来的主题开放空间），那这个泡泡群就会靠在第一边界：临核心区的边界，反之则靠在离核心区较远的边界。

决定好要靠在那个主要轴线后，通常还要思考，是要接近有意义的边界还是无意义的边界？如此也会让泡泡群"量体"往不同方向移动，而与环境更紧密联结。

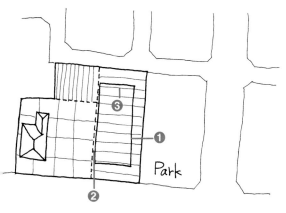

❶ 根据分析
置入建筑量体于相对应的基地分区内
❷ 让建筑量体靠这核心区的第一边界设置
❸ 此时仅是靠这正确边界，但位置未确定

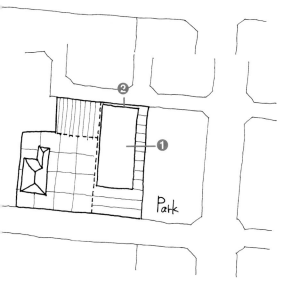

❶ 建筑物往北靠向第三边界
（为了让南边流出与公园连接的开放空间）
❷ 建筑量体设定完成

考虑基地分区的面积尺度与泡泡群大小

也要考虑分区大小与泡泡群大小的关系，会面临简单的三种状况：

分区"中"与量体"中"—2014年敷地计划

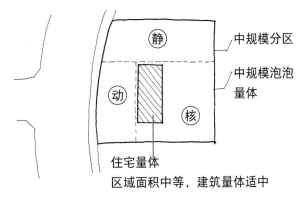

中规模分区

中规模泡泡量体

住宅量体
区域面积中等，建筑量体适中

是美好的状态，建筑泡泡群置入基地后，围塑出漂亮的主题开放空间，并且留下适当的零碎空间作为过道。

分区"小"与量体"大"—2013年建筑设计

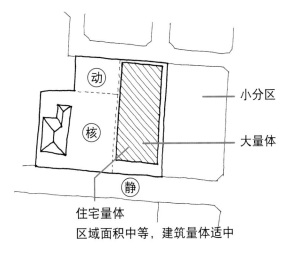

小分区

大量体

住宅量体
区域面积中等，建筑量体适中

最糟的状况，需移动边界线或改变建筑泡泡量体的形体，来符合分区大小。

分区"大"与量体"小"——2015 年敷地计划

教室量体
区域面积大
但建筑量体小

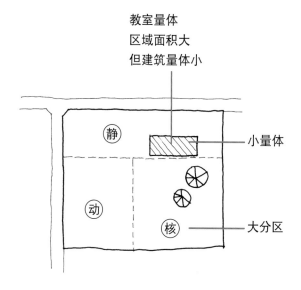

小量体

大分区

也不是很优的状况，虽然可以无忧无虑地置入建筑泡泡群，但置入后留下很多开放空间，代表之后要花很多心力处理景观与地景问题。

不过别紧张，还有很多有趣的设计程序，可以破解这些问题。

泡泡与泡泡之间的关系

我们在前面找出了泡泡群在一个楼层里能运用的大小和范围，完成这个步骤后，我们要将各个室内空间的泡泡，置入不同楼层的平面范围。除了和传统泡泡图一样，要用线段表现出各个空间的关系，最好还可以一同设定好泡泡在该楼层平面的位置，减少日后发展平面的复杂度。

如果要能表现空间泡泡之间的关系，又要能作为初步的平面架构，该如何处理呢？

 **2015 年敷地计划**

❶ 泡泡的大小要有比例。

也就是泡泡要能结合分析时的"g"值，成为一致的东西。

例如

（1）教室 6 间

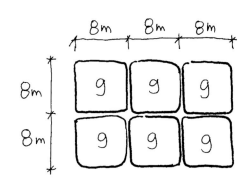

（2）图书馆 ≈ 16g

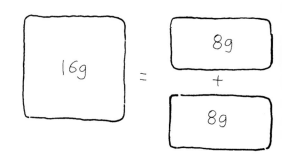

❷ 泡泡要紧密相邻。

旧的泡泡图用箭头或线段，来说明泡泡之间的关系。

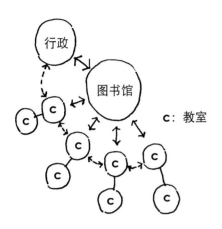

c：教室

❹ 最好一开始就在设定好的平面范围内操作。

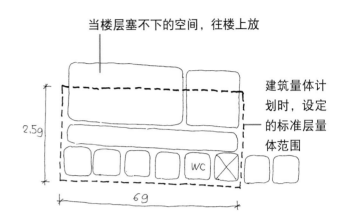

当楼层塞不下的空间，往楼上放

建筑量体计划时，设定的标准层量体范围

2.5g

6g

但这样真的只能表现泡泡之间的关系。我们可以利用泡泡的紧密相邻，来表现关系的发展。

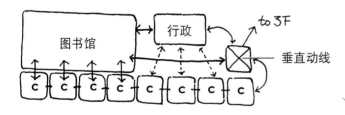

❸ 加入公共设施。

走廊、梯间、厕所。使一个楼层的平面机能完整。

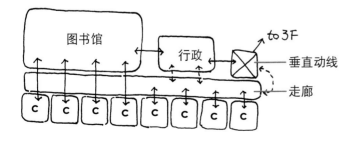

TITLE 6-2 产生初步的 建筑平面

利用制式方格，架构出平面，
从空间用途、比例到适宜的相对位置，
在这里要将各种空间思维高度逻辑化；不仅是为了让图面漂亮合理，
更是要有效率地应用在考场作答的时间。

快速设计中的空间计划

操作目标

❶ 有效利用答题纸上的方格纸，进行有系统的空间排序。

❷ 利用不同题目的操作练习，建立对空间组合的理则观念，免去在图纸涂涂抹抹浪费时间，做空间组织的正确判断。

❸ 合理设计题目所要求的空间形态与空间量，减低过度松散的空间量体呈现。

❹ 模组化空间排列，并然有序地呈现结构系统，并减少排列结构的操作时间。

❺ 进一步训练五大区域与机能空间的关系组合。

❶ 列出题目要求的空间与空间量，并加
入自己解读题目后，原创设计而产生
的空间项目，并同列出合理空间量。

❷ 根据题目对图画的比例要求，
订定"空间格"的单元尺寸。举
例，当题目要求比例为 $\frac{1}{400}$ 时，
则每一 2cm×2cm 的方格尺寸为
8m×8m。当图纸上的方格尺寸为
8m×8m=64m² 的前提下，为题目要
求的空间量做倍数增减规划。

最后完成成果
套房 30m²

（3 格 =0.5 格 ×6）

餐方 100m²

（1.5 格）

入口门厅 50m²

（1 格）

例如：

▪ 套房 ➜ 30m²=64m²÷2=0.5 格

↓ 需求为六间

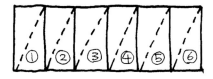

▪ 餐厅 ➜ 100m²=64m²×1.5 格

NOTE

• 此页练习为 4—7 的延续，请回前页复习。

❸ 根据基地环境分析所订出之"五大区
域"，与建筑量体的可能楼层数与量
体大小，将"空间格"配置到基地中。

此时的配置建议以 $\frac{1}{1000}$ 或有比例之基
地范围绘制，以利进行后续透视图与
平面图。

直接将空间格置入原先已规划好的
五大区域，此时没有造型没有伟大的概
念，只是合理地将机能配置于基地中。

（范例） **无障碍福利中心**

入口门厅 ▢ ×1

行政空间 ▢ 0.5×3

交谊空间 ▢ ×1

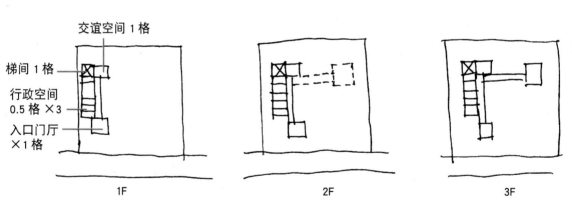

交谊空间 1 格

梯间 1 格

行政空间
0.5 格 ×3

入口门厅
×1格

1F　　　　2F　　　　3F

→ 进一步排列结构

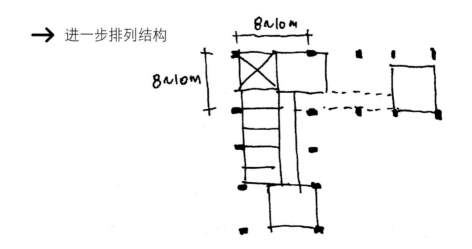

8～10m

8～10m

❹ 模组化"空间格"延伸使用（一）

前面的操作步骤大量使用"模组化空间格"的方式，排列合理的空间架构，这种操作方式又称为泡泡图。只不过我们将这些泡泡"模组化"、"方格化"，以方便在规划初步平面时，能有明确绘图方式和参考依据，让我们可以顺利"画"下去，以便快速发展最终的透视图概念设计和平面图。在此操作原则下，我们练习时可以事先制定好一些常用的空间方格，譬如垂直梯间、套房、餐厅、公厕等等。

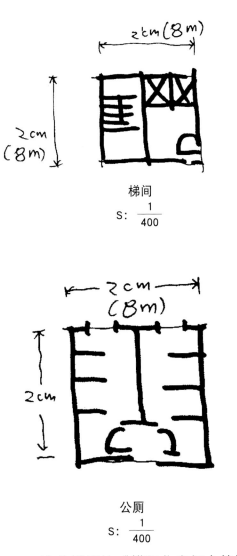

梯间

S: $\frac{1}{400}$

公厕

S: $\frac{1}{400}$

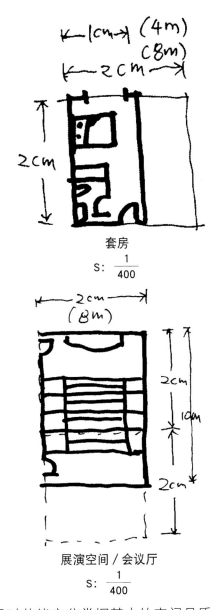

套房

S: $\frac{1}{400}$

展演空间 / 会议厅

S: $\frac{1}{400}$

这些惯用的"模组化空间方格"，反映了平时若能充分掌握基本的空间品质，进入考场才能有效率地设计，减少摸索平面的时间。

模组化"空间格"延伸使用（二）—— 一楼的 Lobby 空间

代码说明：

（a）→垂直梯间　　　　　（b）→入口接待区

（c）→厕所　　　　　　　（d）→入口等待区

四种 Lobby 类型　　　　　　　　可以搭配的建筑量体

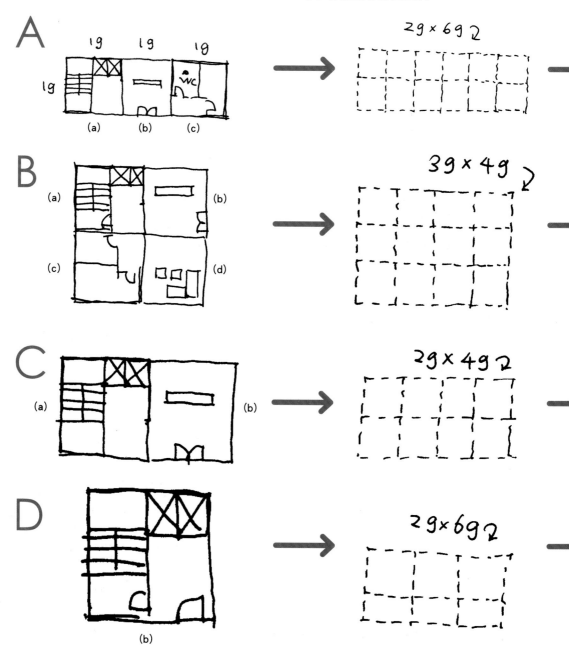

请尝试将 Lobby（A）至（D），搭配 2F 以上实量体状况（一）至（四）。

与建筑量体搭配的结果

可能变化

搭配
方案（甲）

搭配
方案（乙）

无柱子上方
量体悬挑

搭配
方案（丙）

自由的
平面形状

搭配
方案（丁）

改变柱跨，
以符合上方
楼层空间

x

★★★

X：控制 Lobby 量体与非 Lobby 量体维持超过 1:1 的比例，避免一楼全被
非"有趣"空间占据。

用议题关键字为空间设定特色

在上述图面完成时，会发现空间除了分室内与室外，还会因为不同的使用者而投入不同的使用机能。因为有人和不同的机能，就会产生不同的空间特色与空间目标，为了这些空间特色与空间目标，空间就不会只是单纯的有内外之分。

譬如，有些年社会上有少子化的社会议题，认为当下社会组织、建筑空间都应对此议题有深入的探讨与策略思考。这些没有答案的要求，就是希望我们这些建筑人能够帮他们想出对应策略的时候。

这些简单的字眼必须在建筑人的巧思下，转化出有意义的机能，设计出有影响的空间。

而最直接的表现方式，就是将文字分析中的议题关键字分析结果，作为各个空间的说明文字。

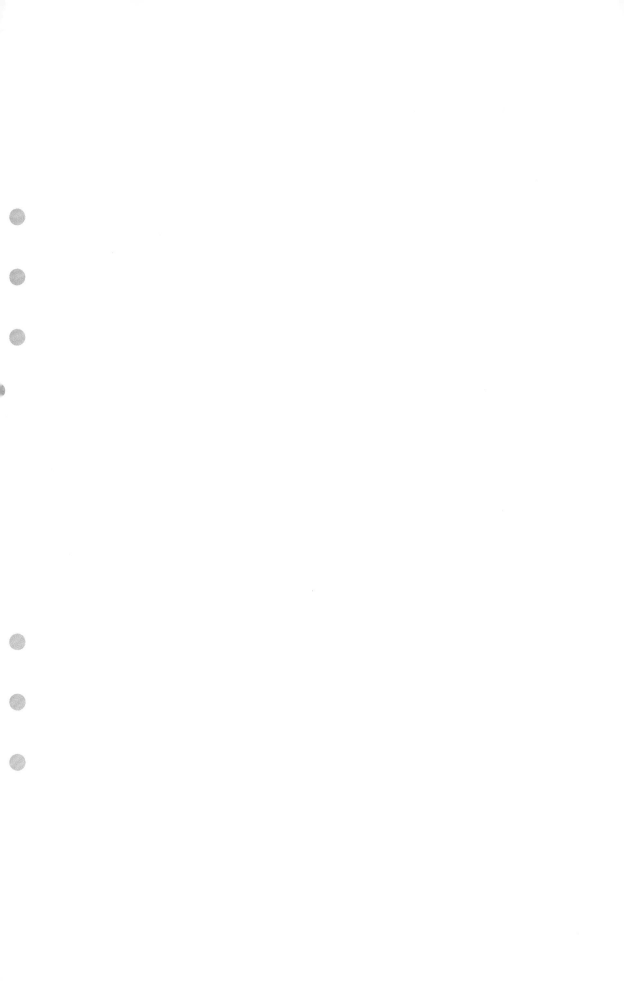

TITLE 6-3 轴·绝·延·二·一

基地的轴线

图纸与基地的轴线

真实世界中，基地的边界不会跟你画图的图纸平行。你也许会想说，我可以将基地的北边对往图纸的朝上方向。这样就可以让图面的方向跟基地的世界一致。

这个说法有问题

问题在于，你的基地如果本来就歪歪斜斜的，没有跟北方平行，那你的图在图纸上，还是歪歪斜斜的。

把思考拉回我们前面讲的空间格概念。在那个步骤我们将任何机能空间、使用空间都转成矩形的空间，也就是说，这个动作可以让所有的空间都乖乖地产

生可以参考的 X 轴与 Y 轴。

有这么好的条件，结果我们的基地还歪歪斜斜的，怎么对得起美好的矩形空间呢？

讲清楚一点，前面的步骤就是要让这个图纸里的设计世界，有明确的座标线，让你理智地发展平面系统。为了这个原因，我们得让基地躺平或站直。

让基地躺平或站直的方法

❶ 找出基地的主要前面道路。

❷ 基地前道路和题目纸的 X 轴的角度若小于 45 度，就让前面道路和这个

道路相关的世界平行图纸，我们可以说这个叫作"让基地躺下来"。

❸ 很少会有机会，要让基地的建筑线及面前道路，垂直平行图纸的 X 轴。

❹ 最重要的是，不要让看图的人看不懂你画的基地，是怎样的方向，甚至让看图的人以为，你画的基地是别的基地。

设计的轴线

建筑与基地的轴线

前面我们讲基地和图纸的座标迭合在一起了。接下来的目标是让人群流动的方向和基地内的建筑物迭合在一起，当这两个结合在一起后，基地外部的人就会有一种往基地内部引入的感觉。

当然，真实社会中，尤其是商业用的案子（例如：集合住宅）都是不希望基地内外可以互相串联，那建筑的方向就得垂直与人群流动的方向。

● ● ●

找出将人引入基地的轴线

前面，我们在切配置的阶段，帮基地找"出入口区"与"主题开放空间"。我们用简单的对应关系，来说明这两个区域的位置，以 2007 年设计为例。因为主要人群来自北方的捷运站与城市的绿地，因此我们可以说入口开放空间在"基地的北方"。然后，本设计在前面的计划中，我们将主题开放空间设在基地南方，因为这样我会说，基地未来的主题开放空间在"基地的南方"。

▽ 入口开放空间 在 基地北方
▽ 主题开放空间 在 基地南方

这两句话，构成一个人群流动的描述：

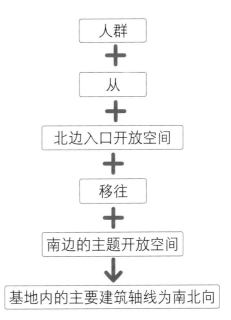

173

二到一
→ 为建筑量体设定位置

二楼以上的建筑量体

已经说明，建筑物不同的楼层高度，有不同的意义，这里简单说明一下。

- **三楼以上**：建筑物的主要量体需要参考基地与环境的关系。
- **一楼地面层**：每个机能空间，都该强烈的和地面层的开放空间联结。
- **二楼**：与地面层开放空间需要相联结，但因为空间太大或需要管制人群的空间，因此透过一个大型的阶梯空间来联结。
- **二楼与三楼以上**：理论上都要透过有安全逃生性的楼梯间作为垂直动线，所以在配置上放量体的时候，我们会把二楼和三楼以上的空间辅以"量体计划"阶段的阳春量体，整合成一个完整量体，便是我在这步骤要"放置"的二楼以上量体。

从二到一放置地面层量体

❶ 放垂直动线

画地面层配置前，必须先把联结楼上和楼下的垂直动线（楼梯间）定出来，才能开始配置地面层空间，不然，使用者会上不了二楼。

❷ 放入口大厅

垂直动线一定是被放在角落的机能性空间，它临外的主要空间，要靠"入口门厅"来连接。所以完成垂直动线后，紧接要再放一个"入口大厅"在垂直动线旁边。

❸ 放地面层中最重要的空间

地面层中最重要的空间，是一个必须和主体开放空间息息相关的空间，可以让主题开放空间被凸显的空间，它绝对不是楼梯间或入口门厅，有的时候甚至是一个自己想的创意空间。

"放置"这个空间的时候，一定得沿着主题开放空间（或核心区）的边界，才能让室内外有充分的互应。

❹ 放置其它空间

扣掉前面的垂直动线（楼梯间）、入口门厅，最重要的空间。如果在文字分析中，还有列出该放置在一楼的空间，再依照空间属性与基地区域的特性来放置，放置的重点是尽量让这些空间与核心周围的参考线产生关联。

结论

本章节说明地面层的各自空间的"放置"顺序。

顺序为：

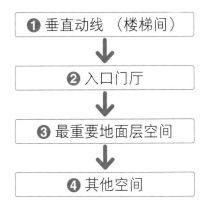

这样的顺序，是为了让每个空间彼此的动线能够顺畅串联，希望读者能用心试试。

找主题开放空间

建筑与空间的量体，被放置在基地后，原本用来界定基地不同性质区域的边界都因为空间量体的关系而被打乱与中断。但也重新产生不同的区域范围，套一句考试界的行话，那些补教大师"围封"。我们就不玩文字游戏，这个动作，就是单纯的希望，利用各个空间、景观设施、参考线及延伸线，来"自然"产生有意义的开放空间。因此我们得在量体"放置"后，重新找出核心区的正方形，而且，这个被重新定义的"正方形"就是这个题目里真正的"主题开放空间"。

基地内的其他正方形

建筑与空间的量体被放置后，除了重塑核心区内的主题开放空间外，基地内也会产生很多不同大小的"正方形"区域，如同前面章节讲的，"正方形"代表凝聚的视觉效果，也就是说，这个阶段可以产生很多不同重要程度的开放空间。而这些"正方形"的开放空间，在未来也可以"五个虚量体"来描述他们的空间特性与用途。

绝对领域

前面的文字分析，导出许多基地内部不同性质的区域，这些区域可以让各个室内空间有明确的设置依据。但是在正式配入这些室内空间前，还有些"非文字"的限制，会影响室内空间的配置位置，最直接的第一个影响因素，是基地内的即存物体，有时候是大树，有的时候是老屋，有时候是水池，有时候是绿地。

这些东西有些形状规规矩矩，有些是简单的圆形，有的是复杂的自由曲线；不管形状如何，都和我们最熟悉的g形、室内空间和切配置后的"矩形"室外空间大大不同。这些即存物体大大阻碍了我们在基地内，自由发挥建筑量体的位置设定，尤其是基地内即存的大树，对我们这些欠缺美好生活经验的普通人来说，常常只能落到一个无聊的设计概念：大树下的老人闲聊空间。

任何一个基地都有外部环境会影响基地内建物的配置方式，当然基地内也有内部环境，得让建筑物配合它产生不同的变形，这些内部的物体，有的时候是树，有的时候是房子，有的时候是不知名的东西，我发展出一个招术，

这个招术，我称它为
"绝 对 领 域"

绝对领域很简单，就是把这些即存物转成我们熟悉的"矩形"，因为这样就能很轻易地和"空间格"结合。如何转换成矩形也不难，只要找出这个即存物最大外周形状的切线正方形即可。

如果是树，就在距圆圈1米处直接画出正方形的"绝对领域"；不规则状的东西像湖、草地等等，就直接取最外部的形状边界，找出水平、垂直的切线，切线相交后就成为绝对领域；如果是有水平垂直线条的东西（通常是建筑物），可以直接用他形状的外框线，当然也可以把外框拉成完整的矩形。

绝对领域的功用

绝对领域形体的外框经过水平、垂直切线，围闭而成矩形或方形范围，是基地内不可移除消灭的物件。

功用一

可以容易与空间结合。上段话讲到这是一个矩形或方形范围，代表他是具有正交性质的几何空间。在我们设计的发展过程中，所有文字名词、环境条件，都是利用矩形格子转换成空间、建筑量体与铺面系统。因此，这些即存物件转换成单纯的矩形或方形后，即能以快速的绘图方式组合，整理在一起。

功用二

产生有意义的延伸线。下个章节将细说延伸线的操作方式，这里先简单说明：无论是基地内部或外部，都有很多不可改变的物体和邻房，这些物体的形状外框线往基地延伸，便成为建筑量体位置设置的参考线。基地内即存物体转化后产生的方形或矩形外框边界，也有一样的功能，可以利用边界的正交延伸线，让配置建筑物时，有许多可供对齐的参考延伸线，让各个空间有秩序地融入环境纹理中。

功用三

不会产生夸张的侵入与破坏。多数人眼中的平面图、立面图，或其他相关的建筑图面，都只是一堆线条组合，并不是一个量体的三度空间，因此，图面的设计过程也很容易沦为一堆线条的拆解与重组。

当我们准确定义出各个即存物的绝对领域后，他可以明确地为这些物件定义出大家熟悉的矩形物体，让画图的人很清楚感受到这些既存物件产生的空间领域感。有了这样的领域感，就不会只是用线段去描绘的图面，而是以空间的领域、体块，来组合排列图面。

基地内可能存在绝对领域的物件

❸ 河流

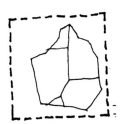

❶ 树

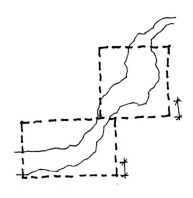

❹ 怪东西

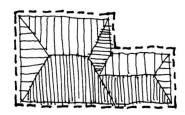

❷ 老屋

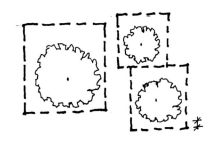

CHAPTER SEVEN

建筑师·是创造活动的高手

画配置，利用不同街道与铺面，产生不同的个性。

TITLE
7-1 景观零件

软铺面的选择

平台、水池或草地，各有明显特色与实际用途，
能轻易与环境规划结合；不过要成为真正的建筑师，
还是得为空间做更多元的想象，不需要受限三元素。

配置中的三元素
——木平台、水池、草地

木平台

用来凸显某个重要的物体。利用平台绘
制时连续且紧密的铺面分割线，凸显该
物体的存在感。考题中的重要物体，通
常是老树、老屋，有时会是我们设计中
重要的空间，如咖啡馆或展示空间。

图例

老树 ——

老屋 ——

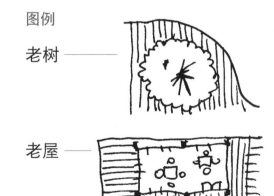

木平台的功能：

—让人有一种介于室内 / 外的暧昧空间。

—强调重要的空间或设施。

—路径。

想象木平台的位置：

—休闲的空间。

—大概的四周。

—需要讨论，交流的空间。

—河边。

—半户外吃东西的地方。

—表演的舞台。

也可以上网看看这个材料被什么空间运用。

想象木平台的种类：

❶ 块状：可以放桌椅，有停留的需求。

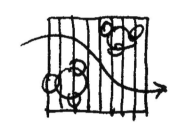

❷ 长块状：通行路径明显，仍有停留的空间。

❸ 细长：用以围塑重要物体。

绘制前的注意事项：

❶ 木平台的边界不能是量体或室内墙体的延伸线。

❷ 木平台的量，控制在小于室内空间。超过会使画面变得复杂。

❸ 别让"细长"的木平台切断空间的联结。

❹ 尽可能想办法与水池结合，可塑造静态空间的品质。

木平台的运用：

① 铺面分割线方向，垂直于长边。

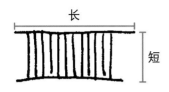

② 转换方向的绘制方式。

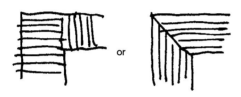

转换方向时如果遇到长度不一致，要注意转接线的方式：

会有对接不一致的问题

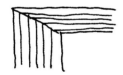

视觉上较为单纯

③ 可以利用平台边缘形状的改变，增加图面的趣味度。

河岸平台

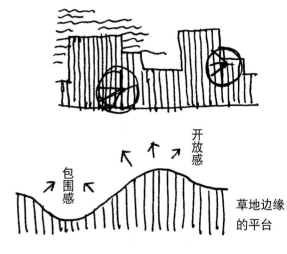

④ 木平台是一个可以包围重要物体的工具，因为其存在感很强烈。

相反地，也可能因为绘制不当，成为破坏图面的凶手。最常出现的状况是直接切过基地，造成切割基地的效果。

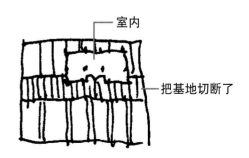

水池

水池的特色

1. **安静**——水和水流声可以成为空间中的"冷静"元素。
2. **凉爽**——可以调节微气候，带来风和气流。
3. **人为的边界**——水具有阻止外来人士靠近空间的提示效果，可作为隐形的围墙，尤其是有隐私需求的空间或住宅。

水池的运用

1. 包围需要隐私的空间。

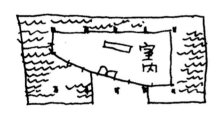

2. 转换空间。

通过水池必须要有连接的过道，过道可用来加强入口意象。

草地

草地的特色

1. 软化铺面系统的颜色（色块）。
2. 包围重要的空间，凸显该空间。
3. 不晓得该填入何种材质铺面时的最快替代方案。

草地的运用

1. 次要开放空间中的绿地。先涂满绿色的草地，再加入必要的路径。除非次要开放空间只剩下路径宽度，不然尽量以绿地为主。

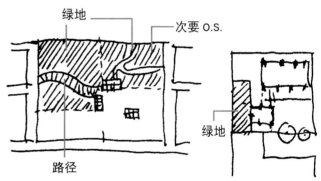

2. 其它开放空间中的绿地。扣除开放空间的路径范围后，填入"不影响通行"的草块。也可以在草块周围加入座椅设施，提供产生停留、互动的空间。

路径：不需绘出但需要被指示出来

当我以巨人的角度鸟瞰图面上的虚拟世界时，树、街道家具对我来说就像一颗颗的种子，而我是"地景农夫"，把这些种子种到软铺面的土壤里。

种树

设置方式

❶ 根据每个范围的特性，配置以下四种配树方式。

❷ 种树时仍是在铺面的格子系统下配置，使其整体均衡整合。

    a. "列"树：行道路，其他周围的路径。

    b. "阵"树：入口广场的"树阵"可成为顶盖型虚量体。

    c. "群"树：用以表现生态性与填充绿地。

    d. "独"树：入口主题树或者水岸空间的重点空间，具地标效果。

种树、种草

四种树的种法

a. "列"：行道树，有明显的方向感和路径感。

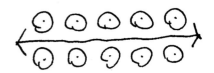

b. "阵"：规矩排列的树阵，可以清楚界定空间，形成边界。在活动上，类似大顶盖的半户外空间。

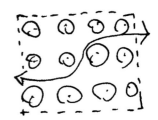

c. "群"：不规则的成群排列，具有阻
挡效果，也可以作为填满绿地的工
具。

d. "独"：空间中的地标，成为视觉重点。

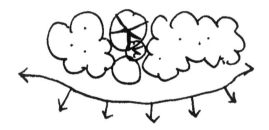

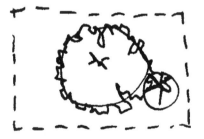

7-2 利用分区，产生铺面系统图

利用格线产生铺面，便指示了内外、主次空间，
以及活动路径和空间相对位置；要记得格线的疏密与交错方式，
指示了移动感，而不仅是平面的复杂线条。

景观铺面系统操作

说明

以下的操作方式，是要清楚定义出各个开放空间的基本铺面架构。完成基础铺面架构后，再利用案例进一步内化景观铺面的质感和品质。

正式操作前的"切配置"，应完成的目标和内容：

❶ 一楼的室内实量体。

❷ 二楼以上量体的虚线框架。

❸ 被"切配置"后的开放空间区块，皆有清楚的定义与属性。

❹ 基地内外的实量体或参考线，都被延伸至基地边界，产生独立的开放空间区块（范围）。

❶ 设定人群进入基地的来源与方向

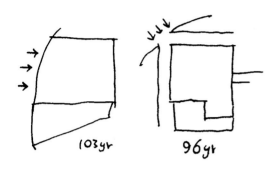

❷ 在基地内，以平行人群来源与方向，绘 1cm 宽的平行线

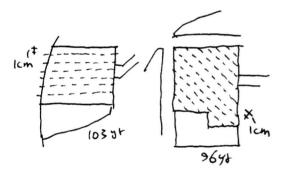

操作注意事

a. 学习如何用 HB 铅笔画出不同浓度的铅笔线，尤其是在绘铺面系统线时，更需要明确表现出铺面线的"淡"线效果。

b. 若人群来源方向为斜后，可以用 45°斜平行线处理即可，避免造成画图困扰。

❸ 人潮引导用铺面绘制

找出和入口开放空间有相连的开放空间，这些相连区域共用一种铺面系统，统一称此铺面系统分割线为"人潮引导用铺面"。此"人潮引导用铺面"，沿用上一步骤的"1cm"宽平行线即可。

此区域的铺面线具有入口暗示效果，希望可以让阅图者看出设计者对入口的定义。找出相连的相关空间，是为了强化基地内入口开放空间，与基地外的相关区域或联结效果。

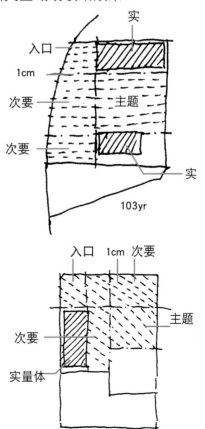

❹ 主题开放空间用铺面

　　"切配置"里找出来的正方形"主题开放空间",加入垂直于"人潮引导铺面"的"1cm"平行线。利用正交的格线区隔其它区域,并强调此范围的重要性。

❺ 其它开放空间用铺面

　　延续前两类铺面线,将最后未填入铺面格线的空间,填入 0.5cm×0.5cm 的正交格线。由于此区域格线较为密集,视觉上会产生终点或边界的效果。

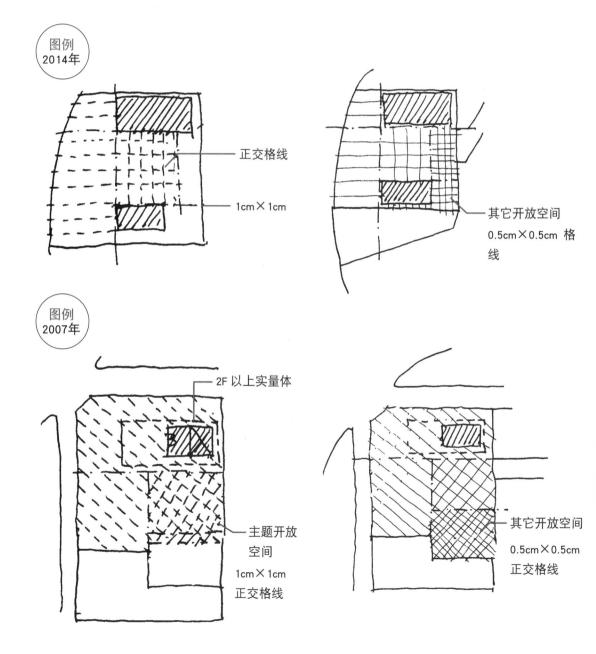

图例
2014年

正交格线

1cm×1cm

其它开放空间
0.5cm×0.5cm 格
线

图例
2007年

2F 以上实量体

主题开放
空间

1cm×1cm
正交格线

其它开放空间

0.5cm×0.5cm
正交格线

❻ 加入一号景观元素"木平台"

木平台的功能：

a. 成为某个空间的边缘。

b. 包围某个东西，强化被包围者的存在感。

c. 最重要的是→它是人的路径，可以串联不同地方。

如何画木平台：

a. 想象木平台高出路面 15cm。

b. 木平台的范围，必须参考前三个步骤产生的铺面参考线绘制。

c. 找出必须相连的点，直接画出路径，路径宽度需考虑该路径的性质。

快速通过 ➡ 2～4m

悠闲通过 ➡ 4～6m

康庄大道 ➡ 6～8m

❼ 检查主题开放空间是否有被明确围封

　　检查原先设定作为主题开放空间的范围（1cm×1cm 的正交方格区域），是否可以利用景观元素、虚量体或植栽，强化围封的效果。可以加强边界感的工具有：

— 水池

— 五个虚量体

— 成排的植栽

— 木平台

— 路径

— 转换的铺面

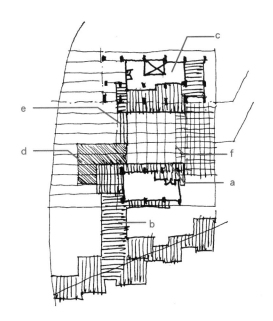

a —— 利用铺面系统分割线作为木平台描绘的底稿，使木平台的边缘与铺面格子系统合为一体；可避免相关景观元素出现不融合或不协调的画面问题。

b —— 利用木平台的路径效果，连接基地内外需要被连接的空间。

c —— 利用木平台密集的线条效果，包围重要的空间或物体，凸显该空间。

d —— 利用"水池"产生围封主题开放空间的边界，并且界定具有安静要求的范围。

e —— 检查主题开放空间是否明确围封。

f —— 单纯保留不同的铺面系统，表现不同区域，并强化主题开放空间的范围。

变化形

　　前面步骤定义出来的空间范围、铺面形式、边界形状，都是系统性的图面符号；应该透过观察案例来扩充景观设计的丰富性，不需要被格子系统限制。

变化形说明

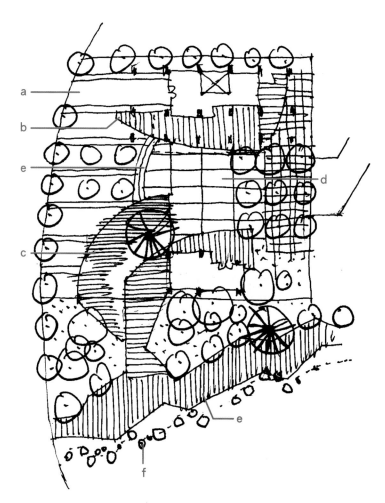

a. 改变"入口引导"铺面的宽窄边化，产生视觉乐趣。

b. 改变木平台形状，强化入口效果。

c. 改变水池形状，强化水池的边界感。

d. 改变主题开放空间方格比例，加强基地左右两侧的连续感。

e. 改变阶梯形状，增加迎接人潮的效果。

f. 加入有天然水岸效果的边界线。

* 可以透过案例分析，再扩充一次造形的元素。

CHAPTER EIGHT

建筑师的脑袋·是强大的3D·软体·

画透视，用透视图感性呈现所有理性分析。

TITLE 8-1 五大虚量体

相较于实量体的界限明确，能够转换室内外空间的虚量体，
就成了中介空间的基本形式，可以好好运用五种虚量体。
至于要怎么转得漂亮则没有一定手法，平时可以多多观摩案例。

设计中的五个虚量体

Q 虚量体是什么？

A 实量体是被具体结构体包围的室内空间。虚量体则是被不同物体包围或界定的户外／半户外空间；利用这些包围或界定的手法，凸显开放空间的品质。

Q 虚量体类型有哪些？

A 虚量体有五种。

❶ 大顶盖——可遮阳、避雨且可透视的非封闭框架顶棚

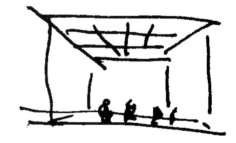

* 大顶盖的广场，直接用可遮阳或遮雨的顶盖，圈出开放空间中，主要提供群体活动的范围

❷ 檐廊——有顶盖的走廊

❸ 阶梯广场——具有高低差的开放
　空间，此开放空间具有展演性质，
　阶梯则成为欣赏表演的座椅

❹ 下凹的地下广场——将人群引导
　至地下层

❺ 抬高的平台——空中广场，将人
　群引导至较高楼层

⟶　延伸变化：

人造物的顶盖→树冠、树阵围塑的顶盖

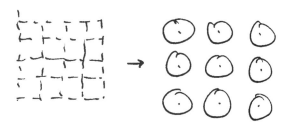

有顶盖的走廊，强化空间与空间串联的
路径

TITLE 8-2 新旧建筑的结合

老房子与五大虚量体，目标是保留美好的老屋形体　　　● ● ●

加入元素：大顶盖

加法 A

加法 B

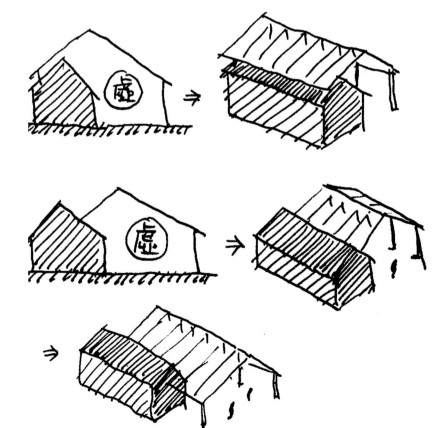

加法 C

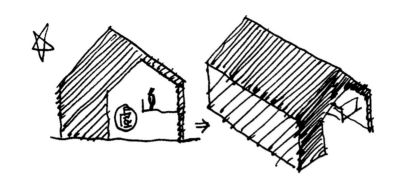

加法 D

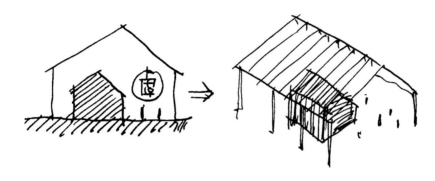

加入元素：有屋顶的廊道

加法 A

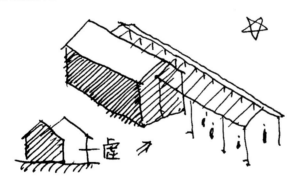

加法 B

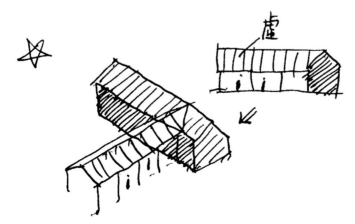

加法 C

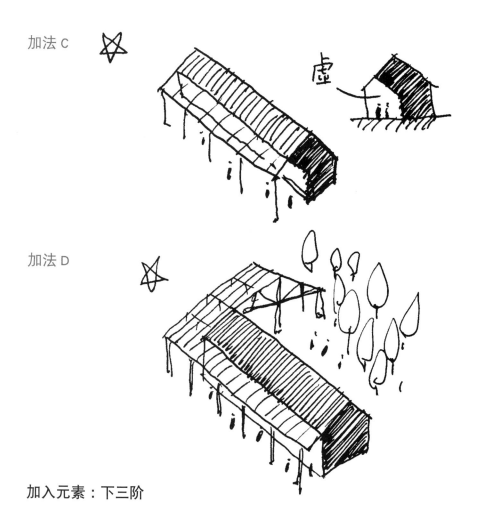

加法 D

加入元素：下三阶

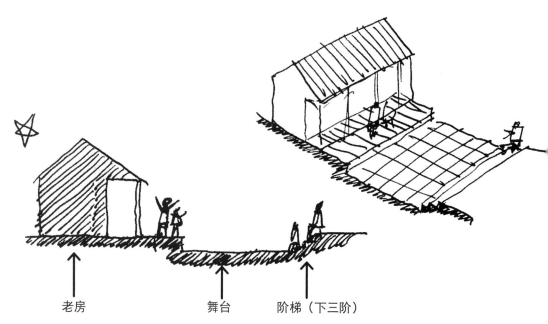

老房   舞台   阶梯（下三阶）

加入元素：高空平台

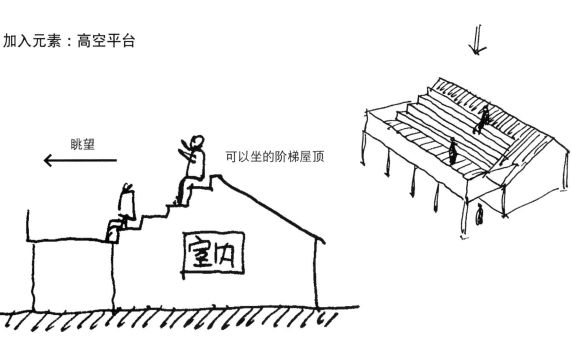

眺望

可以坐的阶梯屋顶

室内

加入元素：地下室阳光广场

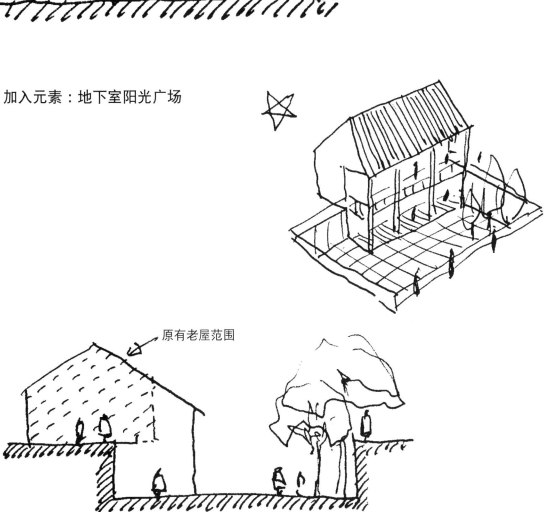

原有老屋范围

懒人设计思考：
透视与造型的操作

TITLE
8-3

都说是懒人了，就代表基本能动的元素都整理出来了，
很快可以运用量体变化；也因为很好运用，
所以考试时不要因此挥洒得太尽兴，
画个阳台也力求分毫不差，还是以把握时间为主要考量。

拆解量体

　　和切配置一样，立面是一个站起来的基地，也可以利用比例切割的手法，找出整体立面中重要与不重要的部分，并搭配分割线，产生不同量体感的修饰效果。

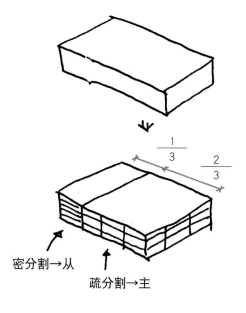

密分割→从

疏分割→主

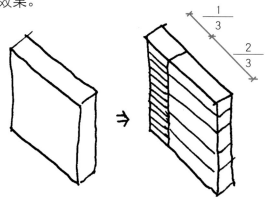

　　根据此比例原则，理论上量体的切割不应该将建筑从中对分，变成对称的量体。

错动量体

　　在掌握了量体的比例切割方式，与立面分割线的视觉补强效果后，可以利用错动（水平或垂直）的操作手法，再次强化量体的立体感。

水平错动

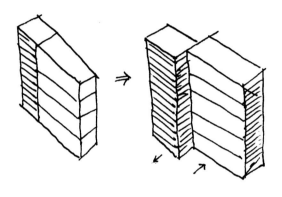

水平错动后，也可以再加入垂直错动

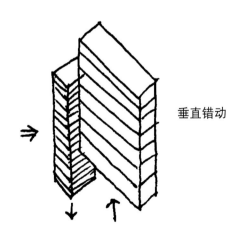

垂直错动

另一组水平错动后，再垂直错动

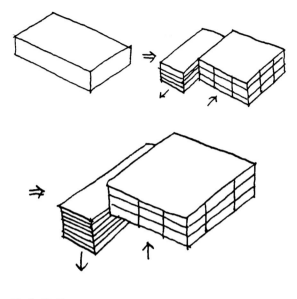

迭合量体

　　量体错动结束后，可利用迭合的手法，使量体与量体之间产生结构的力学感觉。

迭合

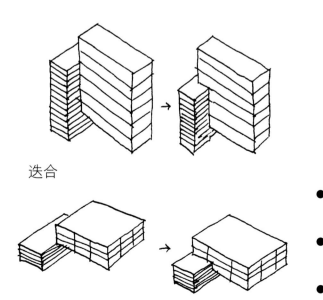

迭合

找出中高楼层里的有趣空间

　　除了地面层要有趣外，立面也可以产生一些有趣的空间，加强透视图的视觉张力。

加入有趣的小零件

① 阳台与小树

② 屋顶造形拆板

③ 外伸的平台

④ 弧线帷幕墙

⑤ 没有意义的圆柱

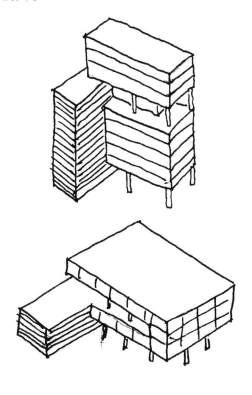

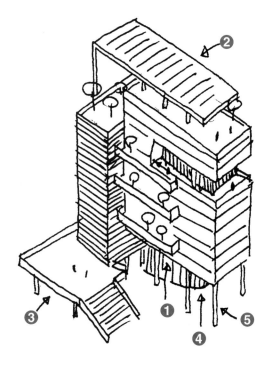

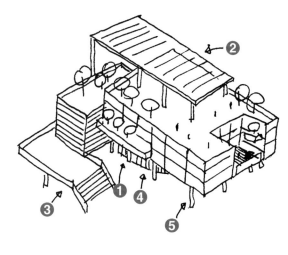

画透视时应注意事项

❶ 建筑规模设定时的阳春量体，应该是
地面层以上的标准层；这样的思考方
式，可以让透视图在地面层的部分比
较灵活。

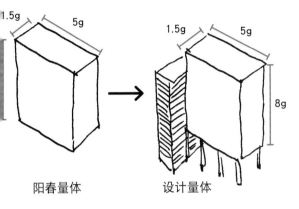

阳春量体　　　　　设计量体

❷ 高楼层或高空平台，应加绘扶手，显
示可供户外使用，且可以增加图画的
细致度。

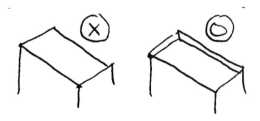

　　以随性的分割线，取代等分的楼层
线，相关的开窗与阳台，沿着分割线绘
制；可增加图画完整度，并提升速度。

> 住宅建筑要以阳台作为象征符号，避免被
> 说像办公室。绘制时请错落设置，可避免
> 为了要求整齐而耽误绘图时间。

CHAPTER NINE

最终成果

阶段练习实作

TITLE 9-1 定义基地影响范围，找出 重要与次要范围

示范题目：2016 年建筑设计

**寻找星星——
找出基地的最重要边界**

How to find：

前面文字分析中，任何跟"核心区"有关的环境关键字或议题关键字，这些关键字决定了基地最重要的边界。本题的文字分析内容中，和核心区有关的关键字如下。

| 分析 a. | 人口城市化 ➡ 议题类
核心区 ❭ 主题 O.S. ❭ 城市填充 ❭ 加入有机的生活空间

| 分析 b. | 周围老旧集合住宅 ➡ 环境类
核心区 ❭ 主题 O.S ❭ 呼应老旧住宅区

"分析 b"指出基地周围有老旧集合住宅，在基地内部留设一个主题 O.S.，来面对住宅区老旧建筑的问题。从这里可以判断该地面邻近最多老旧住宅的边界，可以成为基地的最重要边界。从基地现况图判读，北边地界有很多低矮旧的老房子"极度需要被关心"。

★ 结论：北边地界是最重要的边界。

化整为零

——将不规则的基地，变成简单的矩形

reason：

　　在没有单纯的基地的情况下，将基地各角落以正交线条连接，产生一个简单的矩形。这个矩形可以界定建筑基地和对环境的影响范围，也可以往基地内部设定重要与不重要的范围。

practice：

a. 将各个角落以正交线段连接在一起。

b. 连接各点的线段，围成一个长轴为南北向的矩形。

找出基地中
"重要"与"不重要"的区域。

　　●　　　●　　　●

　　任何基地都有正面和背面，但由于建筑师在设计世界中的责任，是让社会更美好，我们必须修正一下这个说法。我会改说：每个基地都有两个区域，就是对环境影响较大的区域与影响环境较小的区域。

practice：

a. 垂直最重要边界的方向，三等分基地。

b. 靠近星星（最重要边界）的 $\frac{2}{3}$，可设为"影响环境较大的区域"（重要 $\frac{2}{3}$ 区）。

c. 离重要边界较远的 $\frac{1}{3}$ 区域，设定为"影响环境较小的区域"（不重要 $\frac{1}{3}$ 区）。

本图为台湾建筑师考试时，会拿到的考题叙述的一部分

2016 年专门职业及技术人员高等考试建筑师、
技师、第二次食品技师考试暨普通考试不动产　代号：80160　　全三页
经纪人、记账士考试试题　　　　　　　　　　　　　　　　　　第三页

等　　别：高等考试
类　　科：建筑师
科　　目：建筑计划与设计

六、基地图

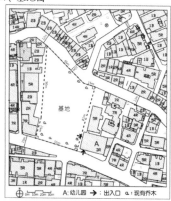

⊕ 0m 10m 20m 30m　A:幼儿园 ➔:出入口 ☘:现有乔木

⊕ 0m 10m 20m 30m　A:幼儿园 ➔:出入口 ☘:现有乔木

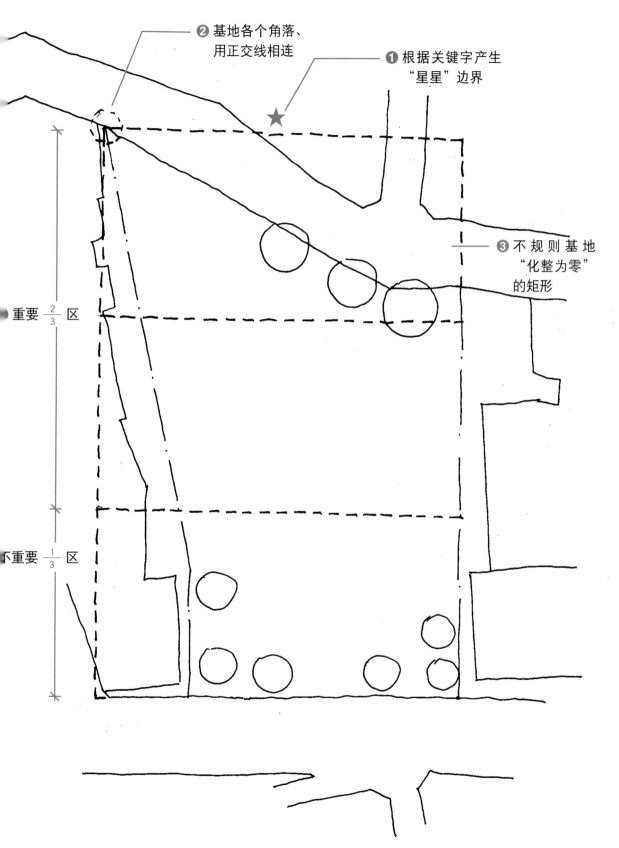

❷ 基地各个角落、
用正交线相连

❶ 根据关键字产生
"星星" 边界

❸ 不 规 则 基 地
"化整为零"
的矩形

重要 $\frac{2}{3}$ 区

不重要 $\frac{1}{3}$ 区

207

TITLE 9-2 找出 核、动、静区域

找核心区——找出基地内的核心区域

How to find：

在前一步骤中，分出了大范围矩形的重要与较不重要区域，分别占基地的 $\frac{2}{3}$ 与 $\frac{1}{3}$ 的范围。在 $\frac{2}{3}$ 重要区与基地内的交集范围内，找出能产生最大面积的正方形。

可以先找出交集范围内的最大边界，作为正方形的其中一个边界。确认短边后，即可依据此短边决定正方形的范围和大小。

有了这个正方形后，还要再判断一次正方形在重要 $\frac{2}{3}$ 区域里的位置，通常我们会让这个正方形，贴着基地的第二重要边界；此时就算是对称的基地，也能定义出基地中不同范围的不同重要性。

设定动、静态区域——设定核心区以外的区域

基地里的某个区域因为周围某些条件，而有较丰富的人群与活动，便定义此区域为"动态区"。

基地里的某个区域因为周围某些条件，而没有较为丰富的人群与活动，便称该区域为"静态区"（基地其它区域则为"相对动态"）。

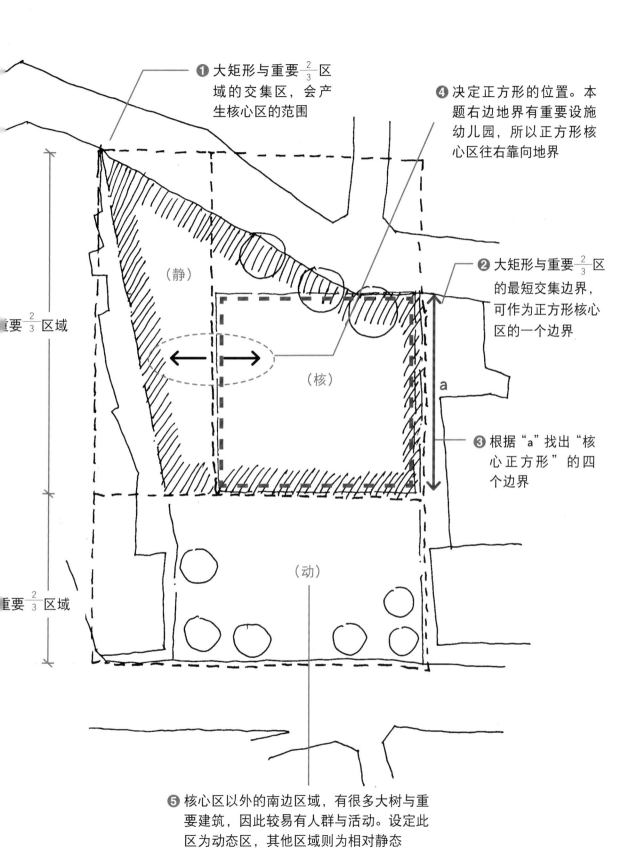

❶ 大矩形与重要 $\frac{2}{3}$ 区域的交集区，会产生核心区的范围

❹ 决定正方形的位置。本题右边地界有重要设施幼儿园，所以正方形核心区往右靠向地界

❷ 大矩形与重要 $\frac{2}{3}$ 区的最短交集边界，可作为正方形核心区的一个边界

重要 $\frac{2}{3}$ 区域

（静）

（核）

a

❸ 根据"a"找出"核心正方形"的四个边界

重要 $\frac{2}{3}$ 区域

（动）

❺ 核心区以外的南边区域，有很多大树与重要建筑，因此较易有人群与活动。设定此区为动态区，其他区域则为相对静态

TITLE 9-3 设定基地中的 主要入口和停车入口

为每个地界设定 人群进入基地的方法

三种进入基地的方法

a. 很多人同时持续进入

通常发生在大马路口，或是要公共运输工具的地点。

符号：

b. 人群三三两两地进入基地

通常发生在带状步行空间周围，如：窄巷、绿带。

符号：

c. 因为特定目的才进入基地，甚至没啥人进入

就已经没人进入了，不会遇到"时常"需要进入的机会。

符号：　○○○○○▷

可以作为 入口区的状况

a. 有大箭头的地方

代表你得畅开基地大门，欢迎人群进入。

b. 两个以上方向的"一堆小箭头"交汇在一处

代表人群会经过这个交汇点，为了集合人群就必须设一个口袋般的广场空间。

c. 只有一组"一堆小箭头"，垂直穿越地界

可以形成带状的步行广场，希望行人经过可以顺便进入基地逛逛。

★ 结论：基地南北都有大箭头，因此需设置两个入口区。

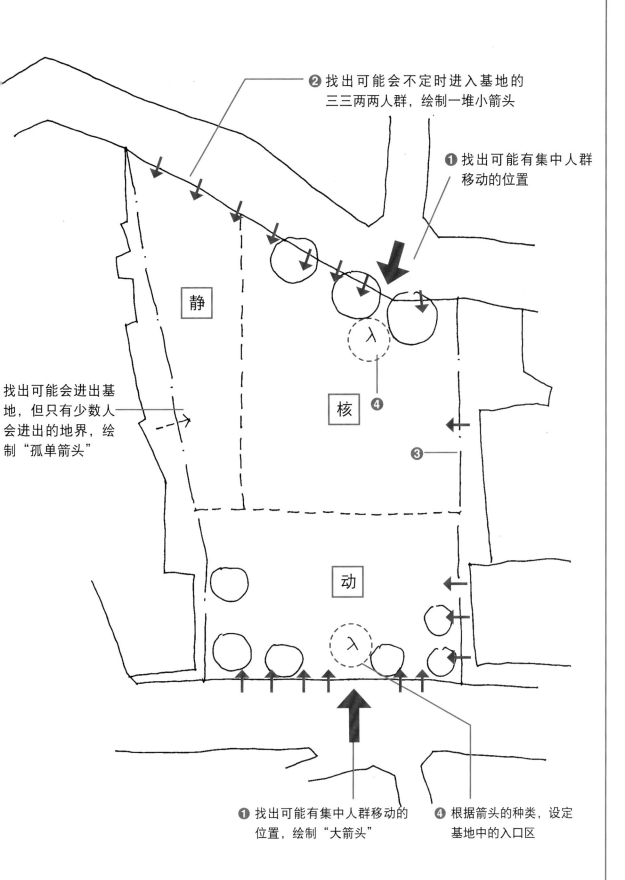

❷ 找出可能会不定时进入基地的
三三两两人群，绘制一堆小箭头

❶ 找出可能有集中人群
移动的位置

静

找出可能会进出基
地，但只有少数人
会进出的地界，绘
制"孤单箭头"

核

入

❹

❸

动

入

❶ 找出可能有集中人群移动的
位置，绘制"大箭头"

❹ 根据箭头的种类，设定
基地中的入口区

三种路宽，三种意义

a. 路宽 < 8m（慢速车流）

在我小时候，那个车子还是奢侈品的时代，8m 路是串联城市内各个空间的主要路径；也就是说，这种路宽是设计来给人走的，不是给车走的。到了今天四处充满汽车，8m 路的两侧变成 1F 老屋的现成停车位，车难过人难走。我们面对这种现况，就是退缩基地的建筑线，多留点空地，形成开放空间。

★ 注意：这种路宽不能设置停车出入口。

b. 路宽 8 ～ 15m（中速车流）

这种路径曾进是城市里的主要道路，道路两旁通常有人行步道或骑楼，来缓冲交通工具和使用者的对立关系。加上这种路宽为了确保行人步行安全，通常设有红绿灯、斑马线等等交通管制工具。

★ 注意：这种允许车辆通过，也得礼让行人的道路，最适合设置停车空间的出入口。

c. 路宽 >15m（快速车流）

这种道路通常是用来联结城市与城市间的主要道路，特性是车速高的城乡穿越性强，不适合人行穿越。

★ 注意：在这种道路两侧的建筑基地，通常会检视停车出入口是否影响原有道路的车流。在这种路上留停车出入口是会被质疑的，除非只剩这条路可以选择。

停车与基地内不同区域的关系

a. 停车与核心区

就算是停车场设计，核心区也绝对不会
有停车场的入口。

b. 停车与动态区

动态区内希望有很多有趣的活动与使
用，也不能设停车场与入口。

c. 停车与静态区

静态区专门用来放"很实际"的东西。
因此适合设置停车空间和出入口。

停车与动静区的组合

a. 不佳组合

❶ 慢速车流道路 + 动态区
❷ 慢速车流道路 + 核心区

b. 勉强组合

❶ 快速车流道路 + 静态区
❷ 中速车流道路 + 动态区

c. 最佳组合

❶ 中速车流道路 + 静态区

★ 结论：本题北边有 **12m** 道路，和无聊没活
动的静态区，适合将停车场出入口
设置在西北角。

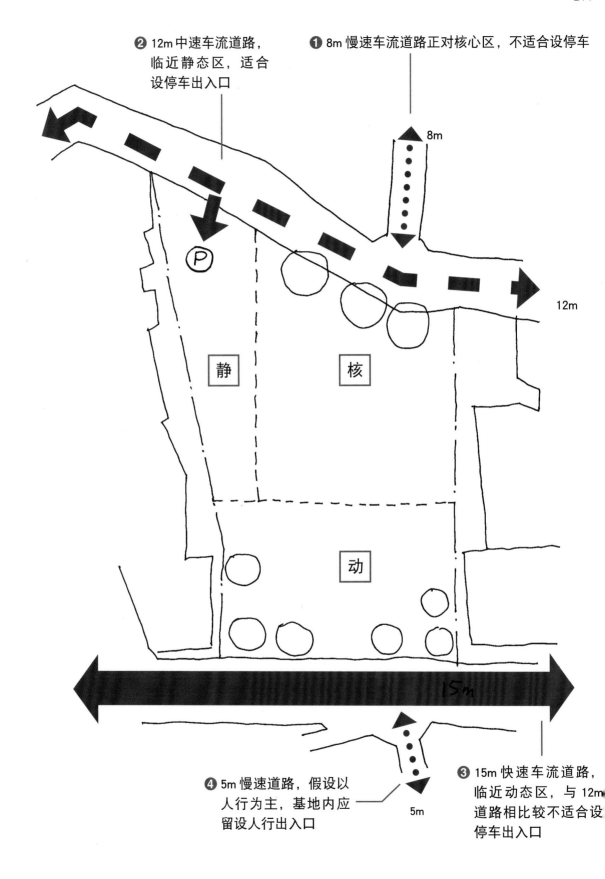

❷ 12m中速车流道路，
临近静态区，适合
设停车出入口

❶ 8m慢速车流道路正对核心区，不适合设停车

8m

P

12m

静

核

动

15m

5m

❹ 5m慢速道路，假设以
人行为主，基地内应
留设人行出入口

❸ 15m快速车流道路，
临近动态区，与12m
道路相比较不适合设
停车出入口

TITLE 9-4 画格子——用铺面表现空间领域与性质

- ●

- ●

- ●

❶ 正交格子（大格子）

↳ 停留、聚集、强调。

↳ 适合被用在很正面、很有活动感的空间。

↳ 搭配区域：核心区。

❷ 平等线（宽距）

↳ 流动、有方向感、漫步。

↳ 适合用在具有招揽人群意义的区域，希望基地外的人，被这些平行线段引入基地内的活动区域。

↳ 搭配区域：入口区、带状沿街步道。

❸ 正交格子（小格子）

↳ 边缘、端点、边界。

↳ 适合用在次要开放空间，可以衬托核心区的视觉效果。

↳ 搭配区域：次要开放空间，没有邻道路的区域。

❹ 平行线（窄间距）

↳ 边缘、方向性。

↳ 和小正交格子一样，有边界、边缘的感觉，但多了方向性。

↳ 搭配区域：面临道路的次要开放空间。

❺ 流程

↳ 根据区域的重要性，依次填入不同的铺面格线。

↳ 核心区 ➝ 入口区 ➝ 动态区 ➝ 静态区。

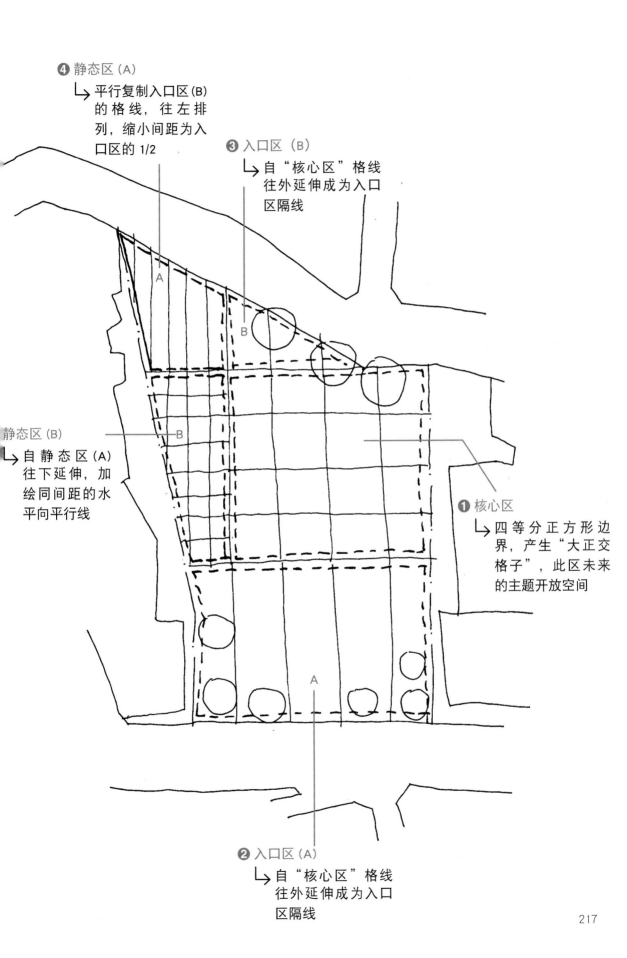

❹ 静态区（A）
↳ 平行复制入口区（B）
的格线，往左排
列，缩小间距为入
口区的 1/2

❸ 入口区（B）
↳ 自"核心区"格线
往外延伸成为入口
区隔线

A

B

静态区（B）
↳ 自静态区（A）
往下延伸，加
绘同间距的水
平向平行线

B

❶ 核心区
↳ 四等分正方形边
界，产生"大正交
格子"，此区未来
的主题开放空间

A

❷ 入口区（A）
↳ 自"核心区"格线
往外延伸成为入口
区隔线

217

范例 基地环境分析

套迭所有分析图，加入文字分析结果，形成完整基地环境分析。

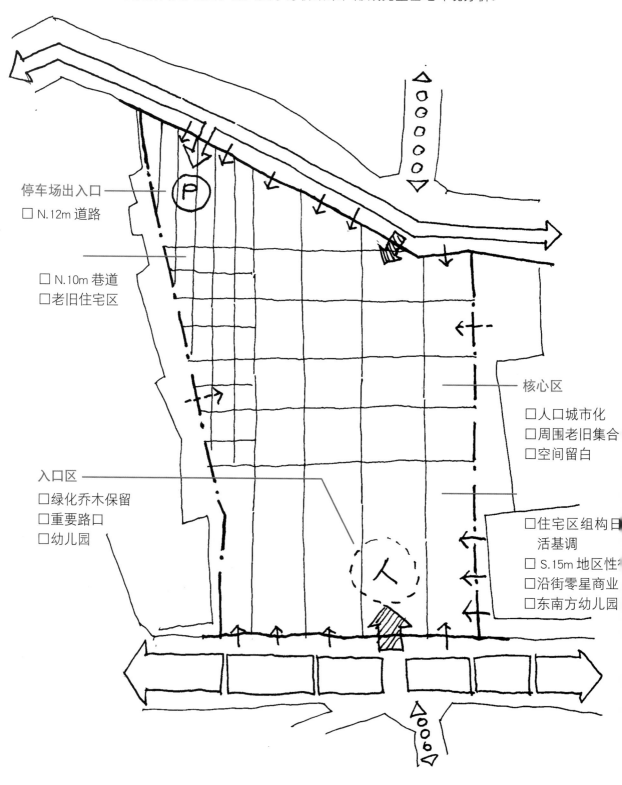

停车场出入口
□ N.12m 道路

□ N.10m 巷道
□ 老旧住宅区

入口区
□ 绿化乔木保留
□ 重要路口
□ 幼儿园

核心区

□ 人口城市化
□ 周围老旧集合
□ 空间留白

□ 住宅区组构日
活基调
□ S.15m 地区性
□ 沿街零星商业
□ 东南方幼儿园

TITLE
9-5

设定
建筑量体

❶ 决定楼地板面积

楼地板面积 = 基地面积 × 容积率
本题基地范围内有$\frac{1}{4}$为公园用地，因此

基地为面积为：
$5680m^2 × \frac{3}{4} = 4260m^2$

楼地板面积为：
$4260m^2 × （90\% \sim 100\%）$
$= 3834m^2$（取 90%，为缩小建筑量体）

换算空间格单位为：
每一空间格单位为 $64m^2$
$1\ g = 64m^2$
$3834m^2\ /\ 64m^2 ≈ 59.9 = 60\ g$

❷ 设定建筑高度

　　为使新建筑与周围城市景观和谐一致，通常会将楼层数与周围环境设定为类似高度。例如周围是 4、5 层老旧公寓，因为建筑面积减少，高度可以向上多个 2 至 3 层，成为 7 层中左右的新建筑。

| 四种高度类型 |

a. 乡村：1 ～ 3F
b. 城市边缘：4 ～ 7F
c. 城市里：8 ～ 15F
d. 高度发展的城市：15F ⬆

★ **假如：**基地周围建筑高度是 4F 公寓，则新建筑最好低于 7F。本范例题目的基地周围以 2 ～ 7F 老屋为主，因此本设计建筑高度可设定最高为 7F。

❸ 用建筑面积，测试出适当的楼层数

　　这个世界有两种建蔽率在控制建筑面积，一个是法律规定的上限建蔽率，一个是可以创造美好设计的美好建蔽率（30%）。法律规定的上限建蔽率通常不会有好设计，我们可以用美好建蔽率来作为测试楼层数的第一个方法。

示范：

a. 本题基地面积（扣掉公园用地）为 3834m^2。

　　3834m^2×30%=1150.2m^2

　　换算空间格为

　　1150.2m^2÷64m^2=17.97 g ≈ 18g

b. $\dfrac{\text{楼地板面积}}{\text{建筑面积}} =$ 楼层数

　　$\dfrac{60\ g}{18\ g} ≈ 3.5F < 4F\cdots ok$

❹ 推测可能标准层室形，测试楼层数设定是否适当

　　除了有美好的 30% 建蔽率作为保障，是做出美好设计的标准外，还有另一个重要参考——主要建筑物长边边长，最好小于基地边长的。

示范：

> **a.** 30% 美好建蔽率下的标准层大小，约为 18 g

可能的组合方式有：

方案（一）2 g×9 g ≈ 18g

方案（二）2.5 g×7 g ≈ 18g

方案（三）3 g×6 g=18g

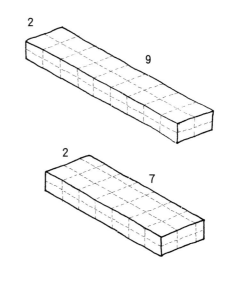

> **b.** 基地某边长 82m（≈ 10 g）的 $\dfrac{2}{3}$ 长度约为 7 g。

且 2.5 g 可以产生无暗室的平面，因此决定 2.5g×7g 为主要量体。通过方案二，此方案满足高度与建蔽率要求。

❺ 画阳看量体图，做最后测试

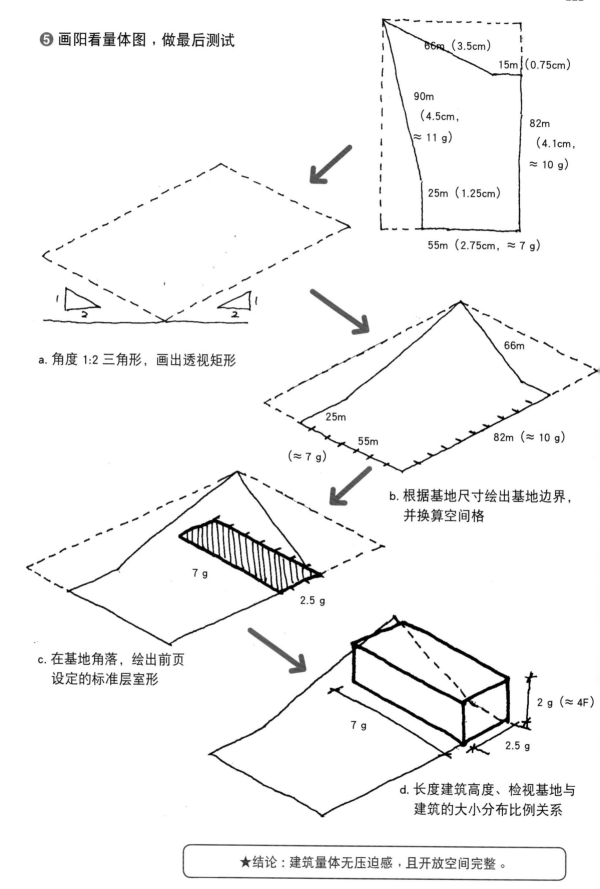

66m (3.5cm)

15m (0.75cm)

90m (4.5cm, ≈ 11 g)

82m (4.1cm, ≈ 10 g)

25m (1.25cm)

55m (2.75cm, ≈ 7 g)

a. 角度 1:2 三角形，画出透视矩形

66m

25m

55m

82m (≈ 10 g)

(≈ 7 g)

b. 根据基地尺寸绘出基地边界，并换算空间格

7 g

2.5 g

c. 在基地角落，绘出前页设定的标准层室形

7 g

2 g (≈ 4F)

2.5 g

d. 长度建筑高度、检视基地与建筑的大小分布比例关系

★结论：建筑量体无压迫感，且开放空间完整。

❻ 设定各别空间属性

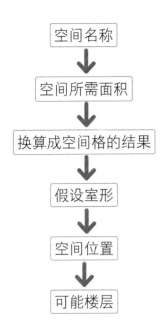

空间名称

↓

空间所需面积

↓

换算成空间格的结果

↓

假设室形

↓

空间位置

↓

可能楼层

a. 空间名称

除了题目中的指定空间外，有时候会有额外的"+1空间"。这个空间是用来处理题目可能的隐性使用者或隐藏用途。

b. 空间所需的面积

- 有的题目会清楚说明每个空间各自需多少面积，这种好处理，照抄就好。
- 有的题目跟你讲这些空间会有多少人使用，请找前面的说明，用人数推断空间的面积需求。
- 有的题目叫你自己设定，请用楼层数当分母、空间当分子，依空间的重要性再按比例分类，最后决定空间量。

c. 换算成空间格

上一个步骤设定好空间的面积需求，这步骤以 8m×8m 的空间格单元，反推空间的可能大小。

d. 假设室形

将前面的空间格数，转换成有长、宽尺度关系的泡泡平面。

e. 空间位置

在文字分析的阶段，我们帮所有议题关键字设定了相对应的空间名称，也因为这个议题关键字，指出这个空间可能在基地的什么位置（动、静、核、入、车）。

f. 可能楼层

和地面层活动的关系程度，决定空间的可能所在楼层。和主题开放空间息息相关的空间，当然会放在一楼；跟入口和主题关系薄弱的空间，就会被设置在较高的楼层。

有时某个空间跟地面层活动关系强烈，但因为跨距、结构系统的问题，不适合放在一楼，那可能就会被设定在 2 楼与地下一楼，利用大楼梯和空中广场来连接。

★结论：楼层有三种地下室，1F、2F 和 3F 以上。

g. 范例

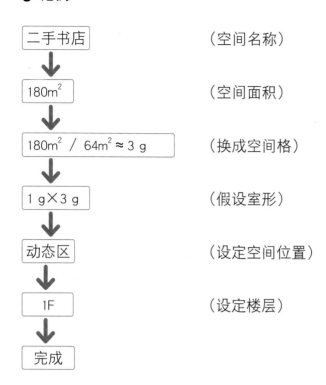

二手书店　　　　　　　　（空间名称）

↓

180m² 　　　　　　　　　（空间面积）

↓

180m² ／ 64m² ≈ 3 g　　（换成空间格）

↓

1 g×3 g　　　　　　　　（假设室形）

↓

动态区　　　　　　　　　（设定空间位置）

↓

1F　　　　　　　　　　　（设定楼层）

↓

完成

量体与
空间计划

▪ 基地面积：

$5680m^2 \times \frac{3}{4} = 4260m^2$

（$\frac{1}{4}$公园用地不计入）

▪ 楼地板面积：

$4260m^2 \times 90\% = 3834m^2$

（容积率以 90% 计）

▪ 换算空间格单元：

$3834m^2 / 64m^2 \approx 60unit$

▪ 假设楼层数：

4-7F

▪ 建筑面积设定：

$3834m^2 \times 30\% = 1150.2m^2$

（建蔽率设定为 30%，期能留设适足开放空间回馈社区）

换算空间格单元 $1150.2/64 \approx 18unit$

▪ 以建筑面积反求可能楼层数：

$\frac{60unit}{18unit} \approx 3.5F \cdots OK$

（<4F）

▪ 设定标准层室形：

（建筑量体长边与基地边界检查）

18unit $\rightarrow$ 2×9……X

$\rightarrow$ 2.5×7……ok

（∵ 7unit < 10unit $\frac{2}{3}$）

本题建筑标准层平面设定为 2.5 unit×7 unit 可以有效留设开放空间，结合周围环境

▪ 建筑量体设定结论：

$\hookrightarrow$ 2.5 unit×7 unit×4F

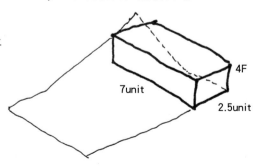

4F

7unit

2.5unit

▪ 各别空间设定

↳本设计空间量以比例推估各空间所

需面积

图书馆区占约 70% ～ 75%

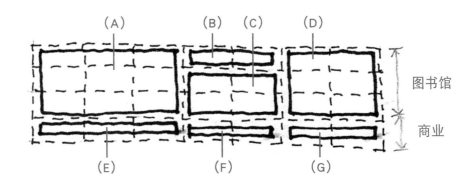

（A）图书阅览空间
↳ 面积：$60 \times \frac{9}{28} \approx 20$unit
↳ 室形：2.5u×3u×3F
↳ 静态区
↳ 2F ↑

（B）资讯与视听空间
↳ 面积：$60 \times \frac{4}{28} \approx 8$u
↳ 室形：2.5u×2u×2F
↳ 静态区
↳ 2F ↑

（C）多用途集会空间
↳ 面积：$60 \times \frac{2}{28} \approx 4$u
↳ 室形：2.5u×2u
↳ 静态区
↳ 2F

（D）行政服务空间
↳ 面积：$60 \times \frac{6}{28} \approx 12$u
↳ 室形：2.5u×2u×3F
↳ 静态区
↳ 2F ↑

（E）二手书店
↳ 面积：$60 \times \frac{2}{28} \approx 4$u
↳ 室形：2.5u×2u
↳ 静态区
↳ 1F

（F）简餐咖啡
↳ 同（E）

（G）超商
↳ 面积：$60 \times \frac{3}{28} \approx 6$u
↳ 室形：2.5u×3u
↳ 动态区
↳ 1F

TITLE

9-7 泡泡图

过程（1）：设定基地轴线

目的

❶ 作为建筑物配置时的主要发展轴线。

❷ 塑造基地周围环境的人行系统，以符合动态的都市纹理发展。

方法

❶ 判断入口区域在基地中的方位（本题为南方）

❷ 判断核心区域在基地中的位置（本题为北方）

❸ 由南方入口区至北方核心区，可以说人群流动的方向为由"南方往北方"，也可以说明基地内为顺应人群方向，而有南北向的轴线。

图例——设基地轴线（过程 1）

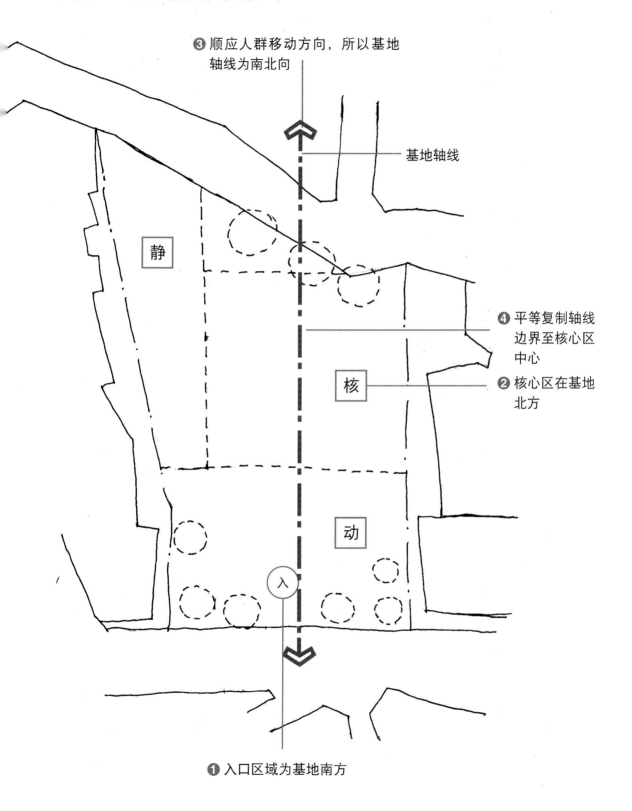

❸ 顺应人群移动方向，所以基地
轴线为南北向

基地轴线

静

❹ 平等复制轴线
边界至核心区
中心

❷ 核心区在基地
北方

核

动

入

❶ 入口区域为基地南方

过程（2）：找出绝对领域

目的

❶ 确定基地内的即存物件、不能破坏的
范围或不能介入的领域。

❷ 这个领域可以成为未来软铺面系统的
一部分。

❸ 这个领域的边界，可以产生基地内部
的延伸线，增加建筑量体在配置时的
参考依据。

方法

❶ 找出基地内的即存物件，一般是植
栽、老屋，有时是河流。

❷ 若是植栽，则直接以植栽圆心画，离
植栽外框线约 1m 距离，画一个正方
形。

❸ 若是老建筑，则直接以建筑物外框线
作为绝对领域。

❹ 除了上面两个设施，若是遇到不规则
的形体，则以该形体的外框架距离
约 1m 的距离，画出正交的框架。若
是规则的形体，也可以在距离该形体
1m 范围画正交框线。

❺ 将框线的边界平行垂直基地的轴线。
因为基地轴线是整个设计里，铺面与
建筑物的主要参考方向，因此要将这
些绝对领域的方块框线，正交对齐，
平行基地的轴线。

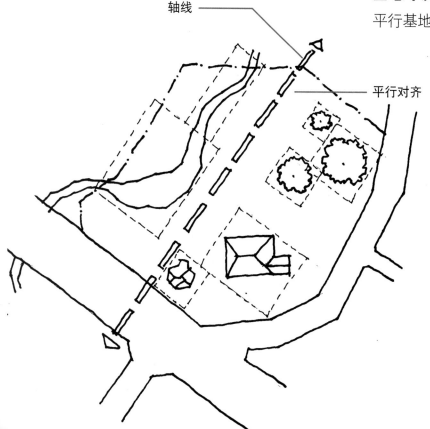

图例——设定绝对领域（过程 **2**）

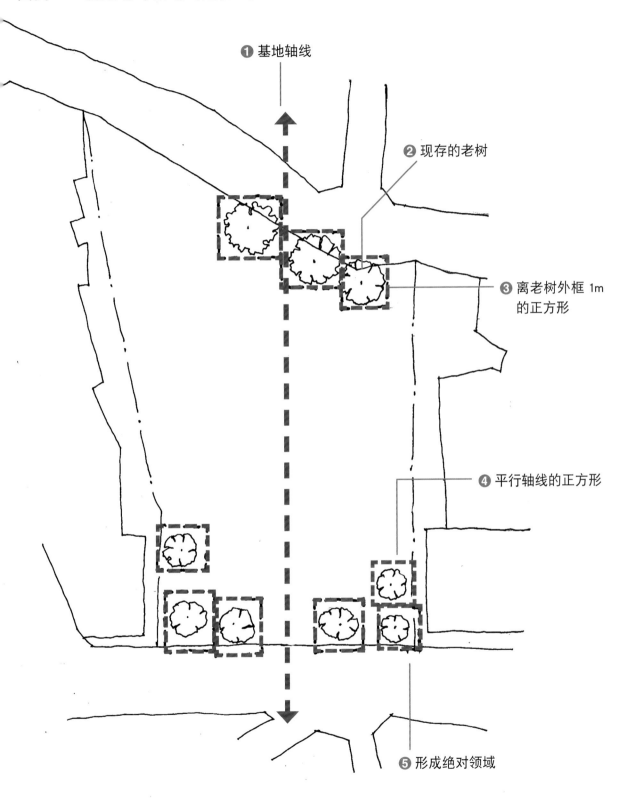

❶ 基地轴线

❷ 现存的老树

❸ 离老树外框 1m 的正方形

❹ 平行轴线的正方形

❺ 形成绝对领域

过程（3）：基地周围与内部的延伸线

目的

❶ 让基地内的各个设施与周围环境，利用几何线条互相融合。

❷ 利用周围环境的纹理，留设出能够优化城市的开放空间。

方法

❶ 找出基地周围不是平行地界线的邻地设施，如现有屋、道路。

❷ 找出基地内被设定的绝对领域。

❸ 将这些不平行与基地地界线的"边界""绝对领域""外框线"，往基地方向延伸，并穿越至另一侧的基地地界线。

❹ 这些延伸线成为设置景观与建筑量体的参考线。

❺ 有时候，邻地的建筑物只是一种普遍存在的设施，这类设施通常不是文字会特别分析描述的对象；遇到这种邻地设施，就不用多花心力去帮它画延伸线了。

❻ 道路是最常有的延伸线产生物件，但会产生两条以上的参考延伸线；请选择其中一条较能维持完整范围的线段，作为该条马路对基地延伸线。

图例——基地周围与内部的延伸线（过程 3）

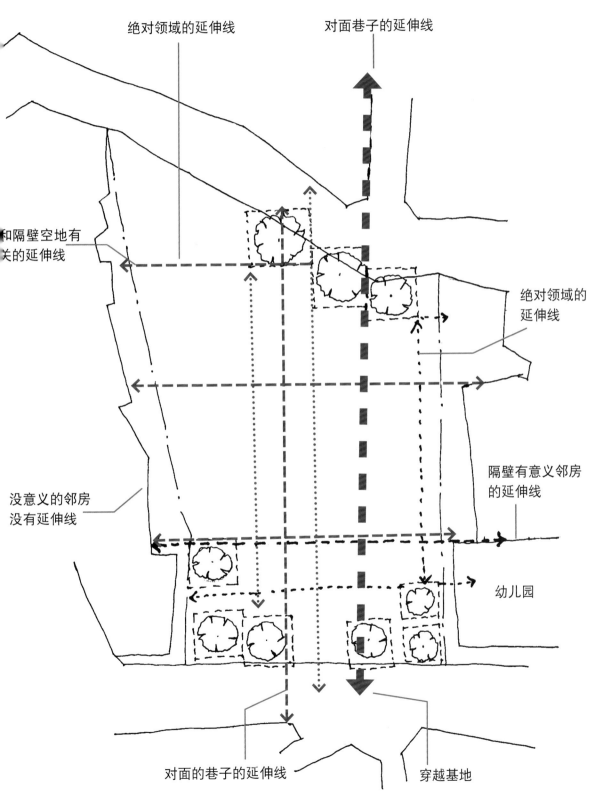

绝对领域的延伸线

对面巷子的延伸线

和隔壁空地有关的延伸线

绝对领域的延伸线

隔壁有意义邻房的延伸线

没意义的邻房没有延伸线

幼儿园

对面的巷子的延伸线

穿越基地

过程（4）：利用延伸线整理出"动、静、核、入、车"的详细范围

目的

❶ 基地环境分析中的五个区域，只是一个比较粗略的范围，是为了反映出基地的不同区域性质。

❷ 利用延伸线，明确定义出这些区域范围。

方法

❶ 套迭基地环境分析产生的区域分隔线、绝对领域与基地内外的相关延伸线。

❷ 各个延伸线在不同区域内产生新的矩形，这些矩形成为新的动静核入车区域。

❸ 擦掉多余的延伸线，保留围塑各区域的分隔线。

❹ 区域之间的分隔线，成为新的建筑物配置参考线。

图例——延伸线与分区套迭整理（过程 4）

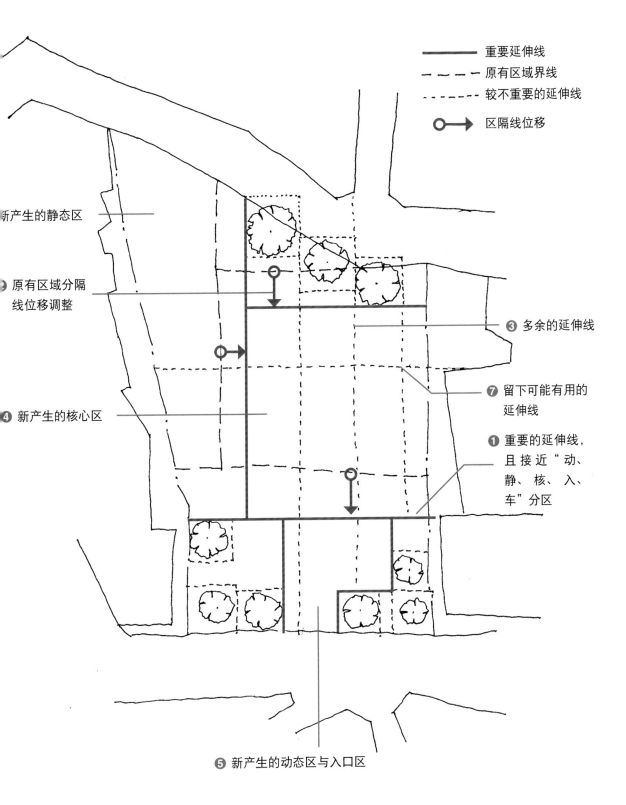

重要延伸线
原有区域界线
较不重要的延伸线
区隔线位移

新产生的静态区

② 原有区域分隔
线位移调整

④ 新产生的核心区

③ 多余的延伸线

⑦ 留下可能有用的
延伸线

❶ 重要的延伸线，
且接近"动、
静、核、入、
车"分区

⑤ 新产生的动态区与入口区

过程（5）：设定建筑物主量体的位置—— "二、一"

目的

❶ 根据文字分析的成果，将建筑物标准层以上的主要量体，设置在基地中的特定区域（动、静、核、入、车）。

❷ 让建筑物主要量体，沿着因为邻地设施而产生的各种延伸线与设置，使建筑物融入整体城市的纹理中。

方法

❶ 整理前期步骤中的延伸参考线。使动、静、核、入、车这五个区域，经过延伸线重新定义范围。

❷ 在基地放入一个量体方块，这个量体方块是量体计划中设定出来的。这时候可以不用管建筑物的位置，只是要让眼睛和手熟悉建筑物的大小。

❸ 将这个手、眼已经熟悉的量体方块，放入文字分析中指定的区域。

❹ 主建筑的长轴方向，必须平行基地轴线。

❺ 沿着核心区与被指定放建筑本体区域的区域分隔线，设置建筑物。

❻ 让建筑物在区域分隔线上游动，并根据空间属性，决定建筑主量体在区域分隔线上的最终位置。

操作示范——延伸线与分区套迭整理（过程5）

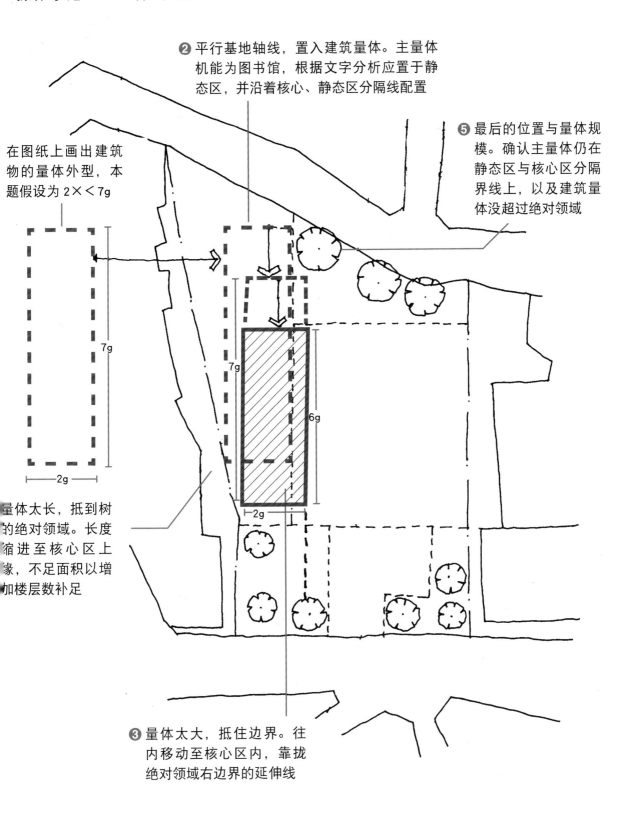

❷ 平行基地轴线，置入建筑量体。主量体机能为图书馆，根据文字分析应置于静态区，并沿着核心、静态区分隔线配置

❺ 最后的位置与量体规模。确认主量体仍在静态区与核心区分隔界线上，以及建筑量体没超过绝对领域

在图纸上画出建筑物的量体外型，本题假设为2×<7g

量体太长，抵到树的绝对领域。长度缩进至核心区上象，不足面积以增加楼层数补足

❸ 量体太大，抵住边界。往内移动至核心区内，靠拢绝对领域右边界的延伸线

过程（6）：放一楼的室内空间

目的

❶ 让多个地面层空间，与室外开放空间充分结合，使开放空间的活动获得室内使用机能的支援。

❷ 利用配置在地面层的空间量体，围塑出不同层次、层级的开放空间。

❸ 搭配不同的室内使用机能，将人群从入口开放空间引导至核心空间，甚至离开基地，串联到基地外部。

方法

❶ 在图面的空白处，画出设定过大小尺寸的空间矩形方格。

❷ 沿着核心区周围的分隔线，配合文字分析中对应空间的楼层。

❸ 先以平行基地轴线的方式，摆设建筑量体。

❹ 地面层空间的设置顺序：

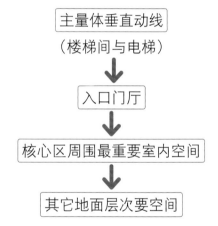

❺ 地面层空间彼此的关系。找出空间与空间之间的"正方形领域"，作为地面层主题开放空间之外的次要开放空间。

❻ 在图面上模拟人群移动过程，思考动线、开放空间与室内使用机能是否流畅。

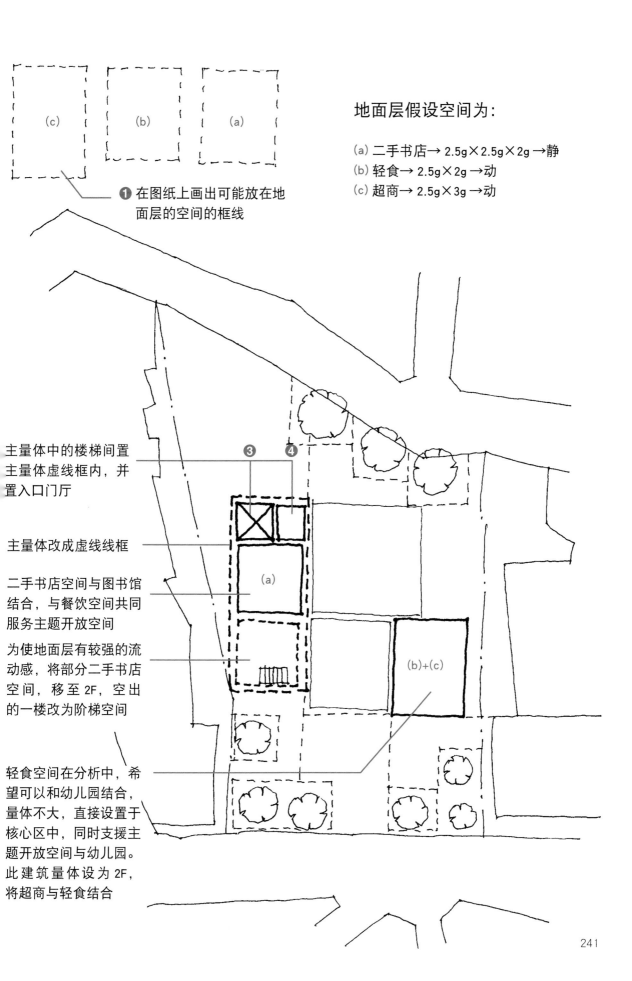

地面层假设空间为：

(a) 二手书店→ 2.5g×2.5g×2g →静
(b) 轻食→ 2.5g×2g →动
(c) 超商→ 2.5g×3g →动

❶ 在图纸上画出可能放在地面层的空间的框线

(c)　(b)　(a)

主量体中的楼梯间置主量体虚线框内，并置入口门厅

主量体改成虚线线框

二手书店空间与图书馆结合，与餐饮空间共同服务主题开放空间

为使地面层有较强的流动感，将部分二手书店空间，移至 2F，空出的一楼改为阶梯空间

轻食空间在分析中，希望可以和幼儿园结合，量体不大，直接设置于核心区中，同时支援主题开放空间与幼儿园。此建筑量体设为 2F，将超商与轻食结合

(a)

(b)+(c)

TITLE 9-8 画配置

重新建立铺面系统

目的

① 根据建筑物的配置配列结果，重新对齐与分配铺面线的分布状态。

② 重新分配铺面线，可以成为软铺面的分布参考线。

方法

擦掉所有参考线，依照新的建筑量体，重新拉齐基地内的延伸线。

① 画核心主题开放空间区域。

② 等分核心区：可以四等分或六等分，可以用最终品质来判断等分的数量。

③ 完成在核心区等分后的正交方格。

④ 接续发展紧邻核心区的区域。

⑤ 参考人群移动方向与基地轴线,画平行线。此平行线延续自核心区的方格线，使其产生视觉上的连续路径效果。

⑥ 延续上一个区域，找下一个可以形成连接路径，进入核心区的区域。此区最好是入口区。

⑦ 延续上一个区域平行线的方向，画第三个区域的平行线。线段间距为核心区正交方格的一半。至此，以利用窄间距平行线，宽间距平行线，将读图人的视线从入口区引导至核心区。

⑧ 一个区域接着一个区域，发展各自的铺面系统。

⑨ 绘制原则

a. 有邻接道路的区域——平行人群移动方向，绘平行线。

b. 未邻接道路的区域——画正交方格。

c. 所有铺面线都要延续自核心区的线段，才会有引导路线的连续视觉效果。

d. 活动性较强的区域，线段间距同核心区。

e. 较静态的区域，线段间距为核心区的 $\frac{1}{2}$。

f. 很不重要的区域，间距可以再密一倍。

找基地内不同正方形

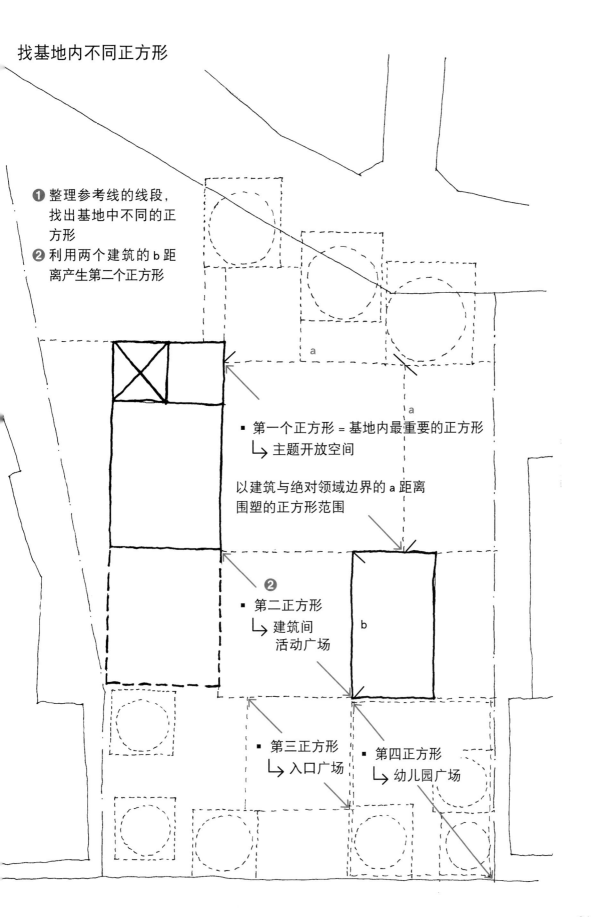

❶ 整理参考线的线段，找出基地中不同的正方形

❷ 利用两个建筑的 b 距离产生第二个正方形

a

a

- 第一个正方形 = 基地内最重要的正方形
  ↳ 主题开放空间

以建筑与绝对领域边界的 a 距离围塑的正方形范围

❷
- 第二正方形
  ↳ 建筑间活动广场

b

- 第三正方形
  ↳ 入口广场

- 第四正方形
  ↳ 幼儿园广场

画铺面格线

范围：主题开放空间的铺面

绘图范围

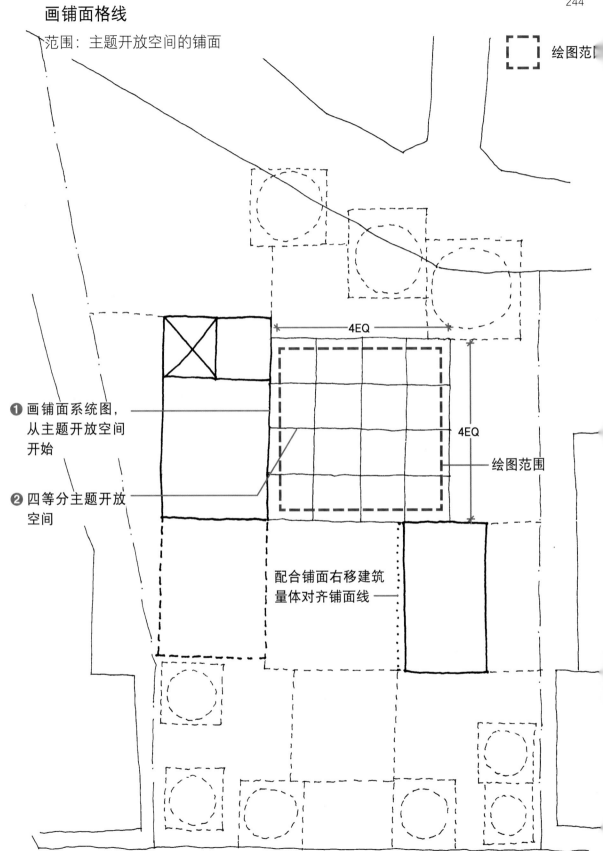

4EQ

4EQ

绘图范围

❶ 画铺面系统图，
从主题开放空间
开始

❷ 四等分主题开放
空间

配合铺面右移建筑
量体对齐铺面线

画铺面格线

范围：相邻主题开放空间的区域

❶ 从道路方向寻找紧邻主题开放空间
　的邻近区域
❷ 平行人流方向，绘平行线段
❸ 此线段间距为主题开放空间的一半

绘图范围

❷ 平行线段，线段间距为
　主题正交方格的一半

❶ 相邻主题开放
　空间的区域

❷ 平行线段，线段间距为
　主题正交方格的一半

❶ 相邻主题开放
　空间的区域

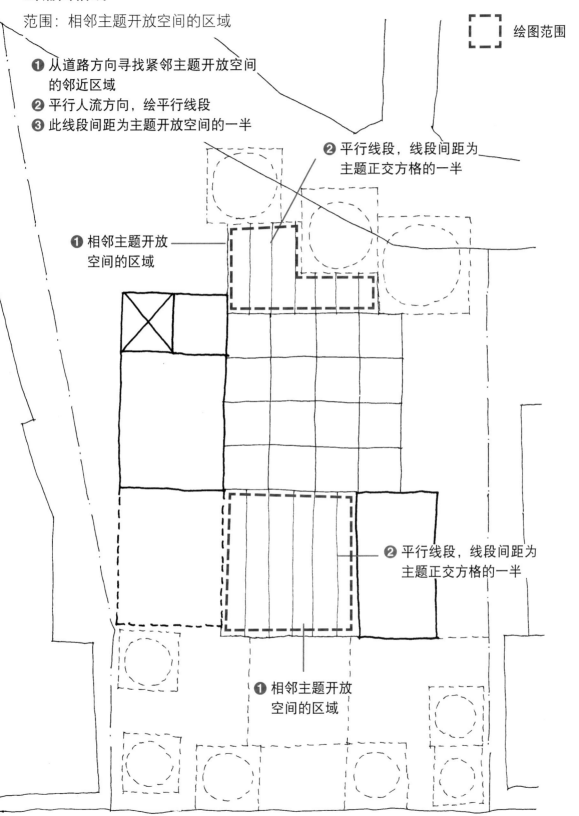

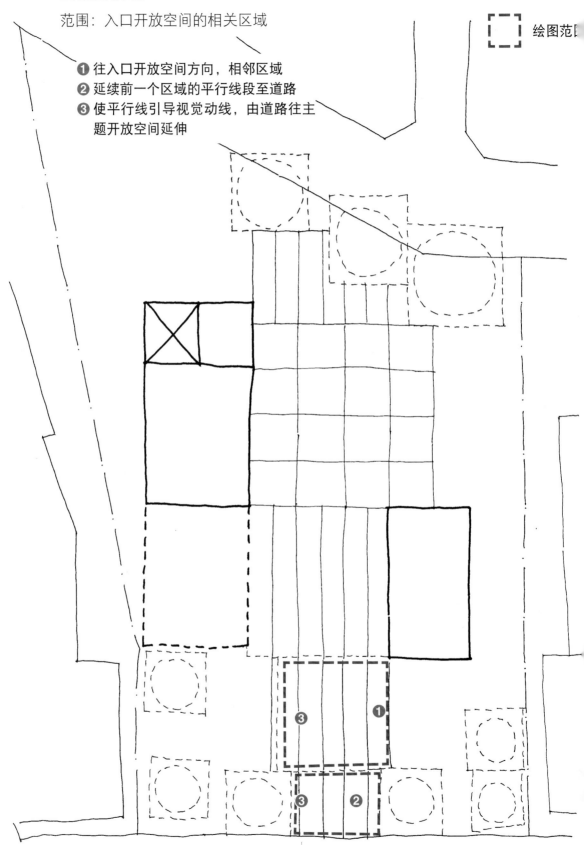

画铺面格线

范围：入口开放空间的相关区域

① 往入口开放空间方向，相邻区域
② 延续前一个区域的平行线段至道路
③ 使平行线引导视觉动线，由道路往主
　题开放空间延伸

绘图范围

画铺面格线

范围：临马路区域

◻⃝ 绘图范围

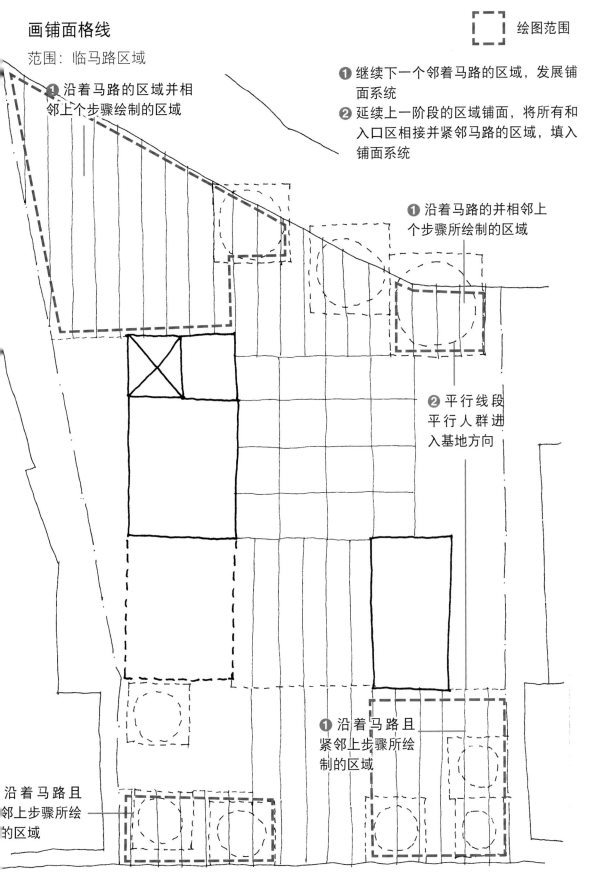

❶ 沿着马路的区域并相邻上个步骤绘制的区域

❶ 继续下一个邻着马路的区域，发展铺面系统

❷ 延续上一阶段的区域铺面，将所有和入口区相接并紧邻马路的区域，填入铺面系统

❶ 沿着马路的并相邻上个步骤所绘制的区域

❷ 平行线段平行人群进入基地方向

❶ 沿着马路且紧邻上步骤所绘制的区域

沿着马路且邻上步骤所绘的区域

画铺面格线

范围：没有临马路区域

绘图范围

❶ 将未填入铺面的区域，填入铺面格子
❷ 边缘越不重要的区域格线间距越小，可以让中间的主题区域被凸显
❸ 未邻接道路的区域，用正交方格填入

未邻接道路且非重要区域，间距较核心区小 $\frac{1}{2}$ 并以正交方格填入

半户外空间也要画铺面

较不重要区域，格线越小

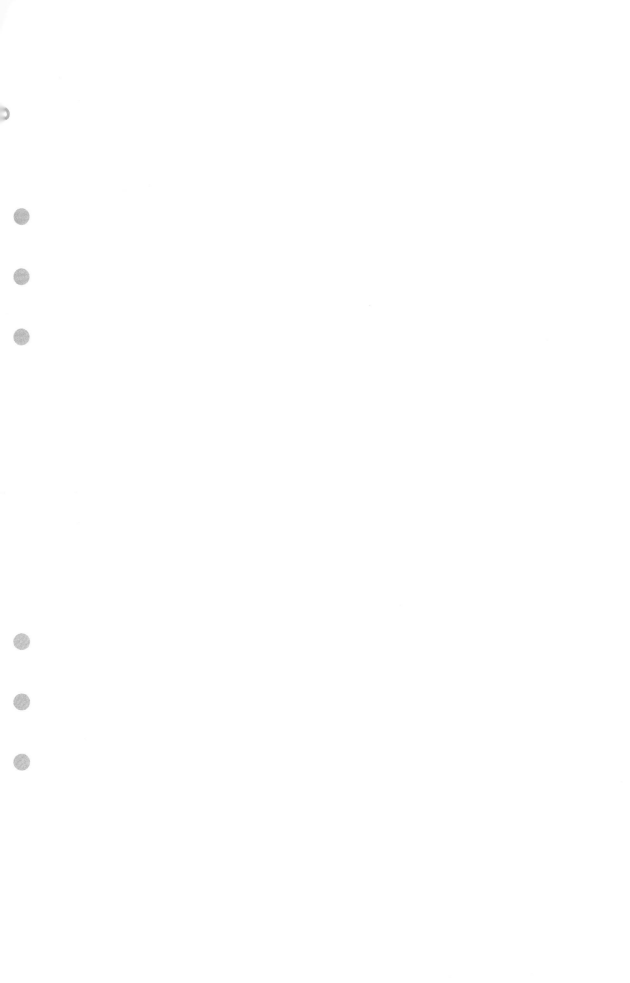

加入软铺面

定义：什么是软铺面？

在圈内，大家对于软铺面有各种讲法，在这里我们简单定义为"人不好走过或穿越的区域，有时希望人可以停留或不要走太快的区域"。

简单分类它的可能类型：
一、自然的：草地、水池。
二、人为的：木平台。

当然啦，这只是个粗略的分类，要是真的发挥创意和想象，有数不清的软铺面型态。但这里只是要帮助各位建立简单、清楚且快速的铺面系统，所以别想太多，先呆呆地用这三种铺面填入自己的设计里吧！

目的

❶ 让图面中软硬铺面的分布和比例，可以因为人行和活动强度而更合理分配。

❷ 利用软硬铺面在安排通行强度的设定后，使基地内的路径，因为不同的景观元素与设施而自然留设。

警告

❶ 前面的铺面系统图，和此章节的软铺面分布图。只是很有系统而次序地将景观设施置入图面。

❷ 因为只是直觉地将景观元素置入基地内，所以严重欠缺地景上的创意思考。

❸ 若想要让你的景观设计充满美感与创意，你需要读很多书，想很多事，不能只凭我这薄薄的一本。

方法

❶ 从最单纯且不重要的带状区域开始，最好邻马路。

❷ 判断区域内人群的穿越方向。

❸ 垂直穿越方向的区域宽度三等分。

❹ 设定软硬铺面比例。如果觉得某个区域会有很多人在那里走来走去搞活动，那这个区域就需要多一点硬铺面。如果那个区域灯光好、气氛佳，就是不希望有人在那里吵吵闹闹，那就需要多点软铺面。

❺ 活动多、人群多、软铺面多、请在刚刚三等分中的设定为硬铺面。

❻ 活动少、人群少、硬铺面少，请在刚刚三等分的区域里的，设定为硬铺面。

❼ 用"靠边"的感觉设定软硬铺面的位置。被三等分的区域中，根据区域两侧的性质决定硬铺面该靠在区域哪一侧，通常希望有人群活动的空间会是硬铺面。

❽ 完成第一个最无聊的区域，开始设定邻近区块的软硬铺面，一个接着一个，把所有开放空间填满软硬铺面。

设定软铺面区域

范围：沿街入口区

绘图范围

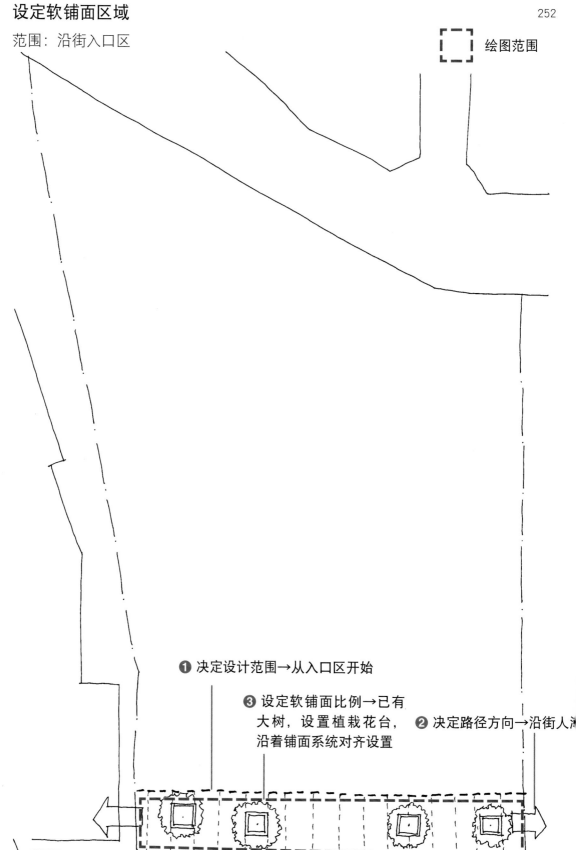

❶ 决定设计范围→从入口区开始

❸ 设定软铺面比例→已有
大树，设置植栽花台，
沿着铺面系统对齐设置

❷ 决定路径方向→沿街人流

设定软铺面区域

范围：由沿街入口区至主题开放空间的过度区域

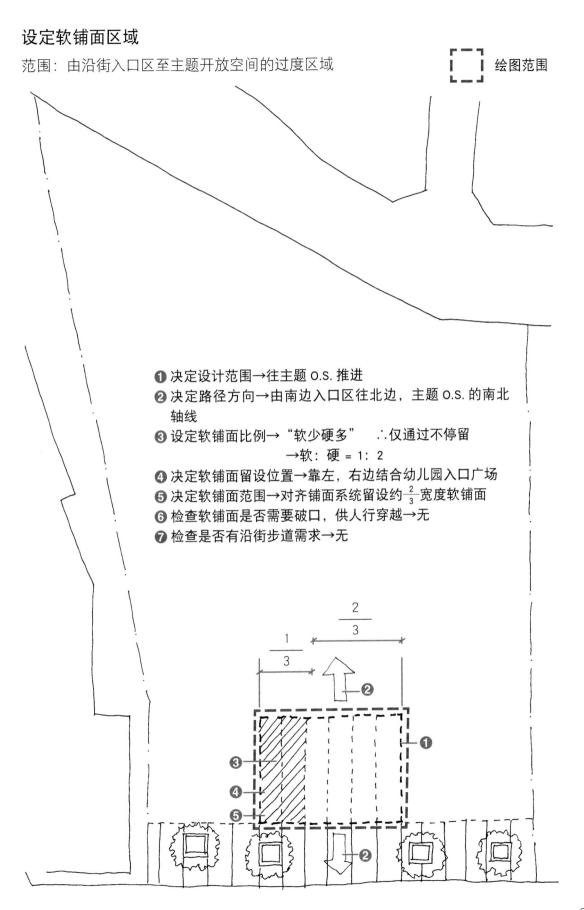

绘图范围

1. 决定设计范围→往主题 O.S. 推进
2. 决定路径方向→由南边入口区往北边，主题 O.S. 的南北轴线
3. 设定软铺面比例→"软少硬多" ∴仅通过不停留
   →软：硬 = 1：2
4. 决定软铺面留设位置→靠左，右边结合幼儿园入口广场
5. 决定软铺面范围→对齐铺面系统留设约 $\frac{2}{3}$ 宽度软铺面
6. 检查软铺面是否需要破口，供人行穿越→无
7. 检查是否有沿街步道需求→无

设定软铺面区域

范围：延续上一个区域，连接室内空间与主题
开放空间的第二过渡区域。

❶ 换设计范围→延续上一个区域，前往主题开放
空间

❷ 决定路径方向→有两个方向，南北方通往另一
侧边界，东西进入室内空间

❸ 设定软硬铺面比例→

· 南北向，以步行为主，希望人群被引导进入
主题开放空间→软：硬 = 1：2

· 东西向，次要路径多点软铺面，让人群停留
→软：硬 = 2：1

❹ 决定软硬铺面范围→

· 南北向，硬铺面靠右，使硬铺面往室内空间
相接引导人群进入

· 东西向，硬铺面靠上方，利用软铺面围塑东
西向路径

❺ 南北向软铺面，延线至前步骤设计范围

❻ 在 $\frac{2}{3}$ 位置处找最接近系统格线的线段，成为软
铺面边界

❼ 完成铺面分割

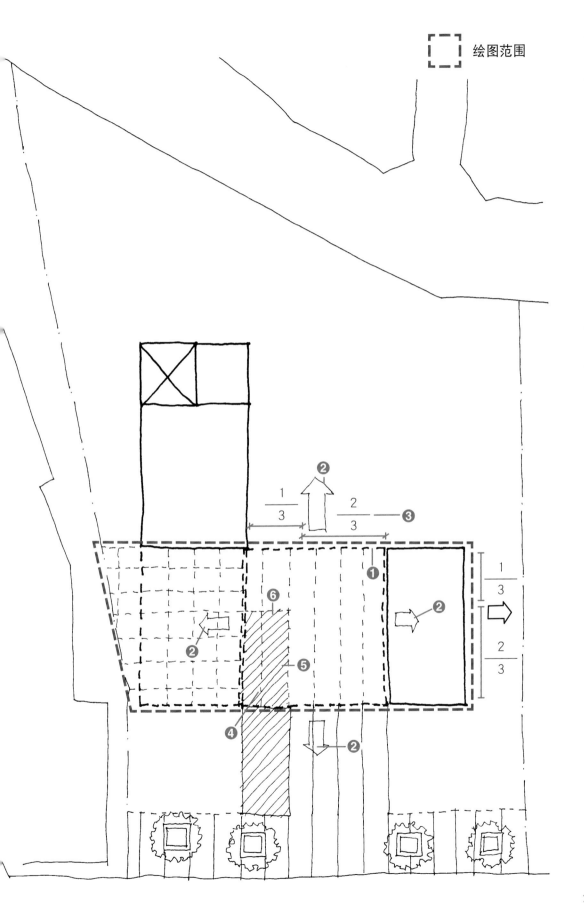

绘图范围

设定软铺面区域

范围：主题开放空间

❶ 换设计范围→
延续上一个设计区域，并进入主题正方形
❷ 决定路径方向→
主题开放空间是终点，所以没有方向
❸ 决定软硬铺面比例→
配合室内空间特性与五大虚量体，在最后阶
段绘制
❹ 完成

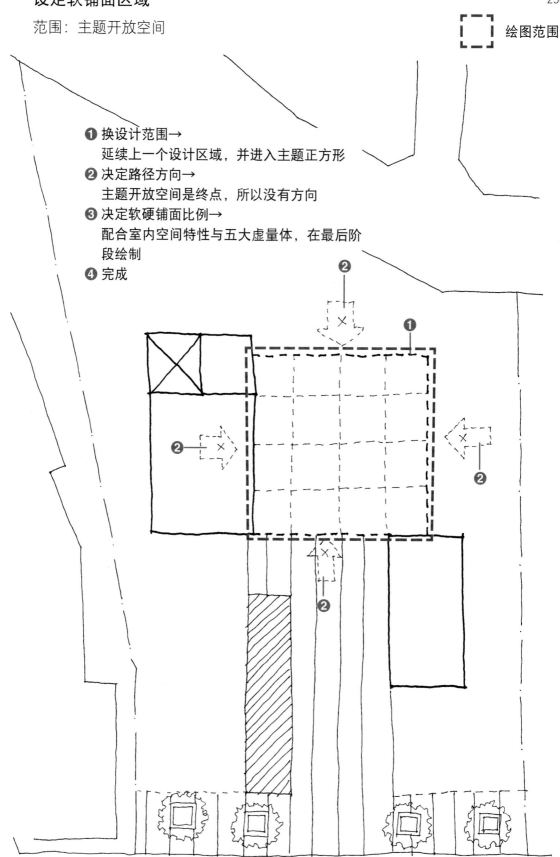

设定软铺面区域

范围：北侧入口区

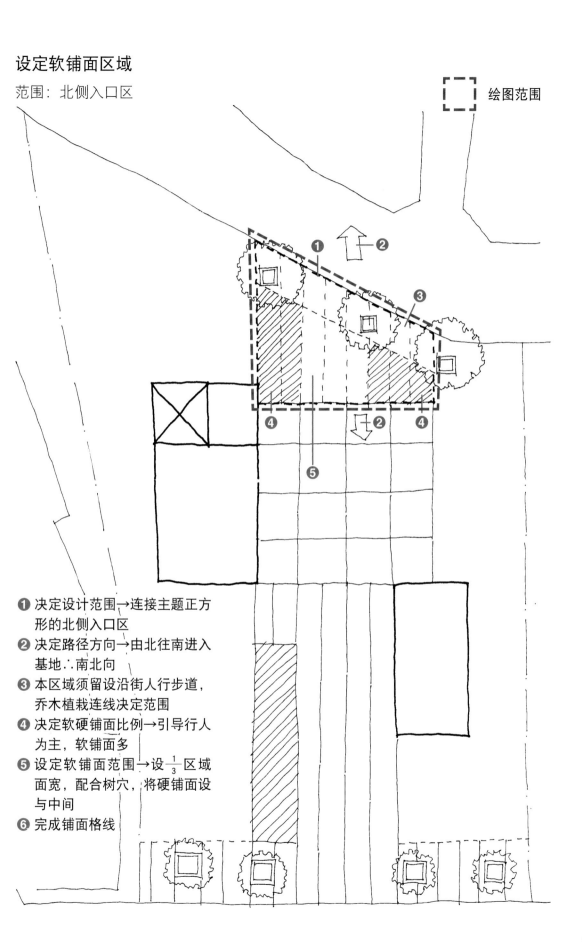

绘图范围

❶ 决定设计范围→连接主题正方形的北侧入口区

❷ 决定路径方向→由北往南进入基地∴南北向

❸ 本区域须留设沿街人行步道，乔木植栽连线决定范围

❹ 决定软硬铺面比例→引导行人为主，软铺面多

❺ 设定软铺面范围→设 $\frac{1}{3}$ 区域面宽，配合树穴，将硬铺面设与中间

❻ 完成铺面格线

设定软铺面区域

范围：与主题开放空间入口，空间较无直接关系的东北侧两区域。

区域 A

❶ 设计区域延续至区域 A

❷ 人群方向为东西向（延续沿街步道）与南北向（北
　 方道路进入基地的次要出入口）

❸ 决定软硬铺面比例→
　 通行为主，所以硬铺面多

❹ 决定软铺面范围→
　 东西向延续前步骤软铺面
　 南北向取宽度约 $\frac{2}{3}$ 范围做软铺面

区域 B

❺ 设计区域延续区域 A

❻ 决定路径方向
　 →南北向，延续区域 A
　 →东西向，进入主题开放空间的通道

❼ 决定软硬铺面比例
　 →南北向，仅作为通路，不具活动。所以仅通行硬
　 　铺面 < $\frac{2}{3}$ 宽度，并延续区域 A
　 →东西向，仅作为通路，不需活动，供通行之硬铺
　 　面只需一种铺面系统格

❽ 决定软铺面范围
　 →南北向靠左，使右边硬铺面与邻地结合。
　 →东西向靠超商商业区

❾ 完稿成为漂亮线稿

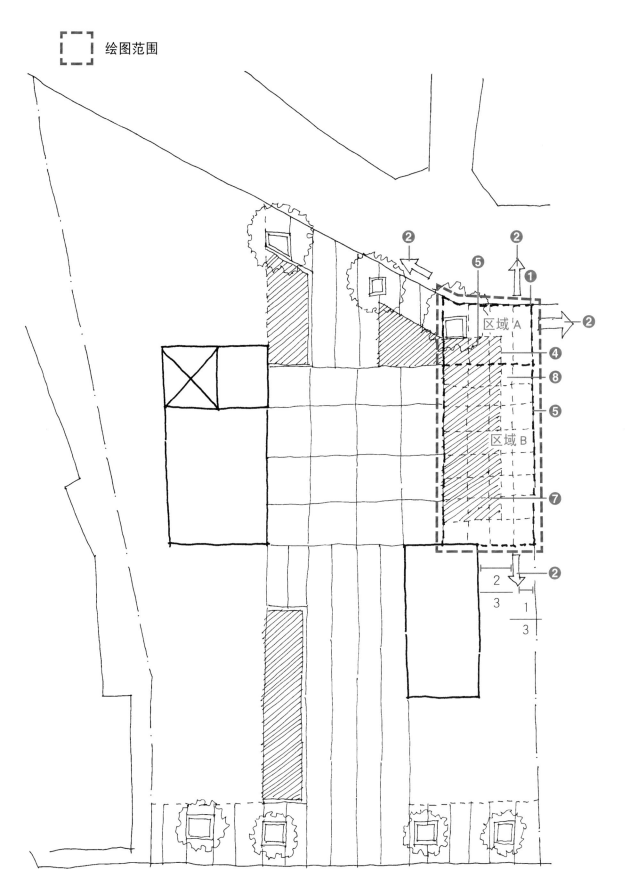

绘图范围

区域 A

区域 B

259

设定软铺面区域

范围：其他未填入铺面的五个区域

区域A　❶ 有三个可能的路径 a、b、c，都不是主要路径，因此本区以软铺面为主
　　　　❷ 配合铺面系统格，留设较多的软铺面与通道

区域B　❶ 只有次要路径，通往区域A，非重要通路，本区以软铺面为主
　　　　❷ 软铺面的范围延续自区域A

区域C　❶ 没有路径
　　　　❷ 此区全部做软铺面

区域D　❶ 没有路径需求
　　　　❷ 此区全部做软铺面
　　　　❸ 可配合格子铺面系统，留设庭院步道

区域E　同区域C

区域F　❶ 右边有重要设施（幼儿园），因此有通往幼儿园的水平路径 d、e
　　　　❷ 路径非基地内主要通道，但为了围塑幼儿园入口意象，留设正方形广场空间

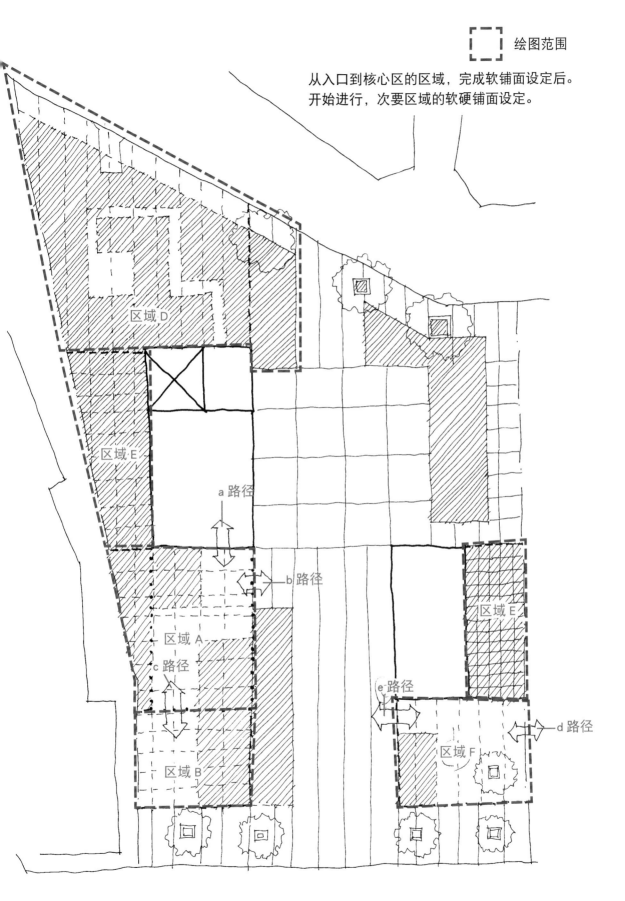

决定软铺面的种类

铺面的目的

❶ 利用不同种类的软铺面，描述开放空间的特性。

❷ 调合图面中不同的视觉元素，平衡图面的视觉效果。

方法

❶ 前面的步骤已经区分出，不同范围与大小的软硬铺面范围。

❷ 置换不同种类的软铺面，以符合区域的性质。

❸ 如何决定软铺面的种类：

    ——草地：让人放松，可以缓步穿越的软
       铺面。

    ——木平台：以软性的自然材质，制作成
       "类硬铺面"。通常希望成为室内外
       的转换空间，也会被指定成可以产生
       活动的室外领域。

    ——水池：柔软的形体但刚强的边界，有
       阻隔某些区域的效果，也因此会让人
       有安静的氛围。

设定软铺面的性质

❶ A 区域：只有沿街边缘会有人经过，除通行步道或庭院小径，其他空间皆以"绿地"为主

❷ B 区域：比 A 区域更少有机会使人穿越，区域内全部填入"绿地"

❸ C 区域：入口区的重要地标，但活动性较主题开放空间低许多。且包围以静态诉求为主的图书馆空间，以水池填入，除了产生水体地标处，也增加空间的静态效果

❹ D 区域：包围主题开放空间的非主要区域，但考虑主题开放空间的延伸感，可以填入绿地，让人感觉可以在这区域产生活动

❺ E 区域：为使幼儿园入口区域可以以正方形清楚呈现，而留设的软铺面，可以是木平台也可以是草地。其中木平台的功能是让人在平台上产生活动

❻ F 区域：商业空间与外部旧建筑相邻空间的联结区域，以木平台铺设，使该空间有一种对旧都市环境，接续或维持的交流感

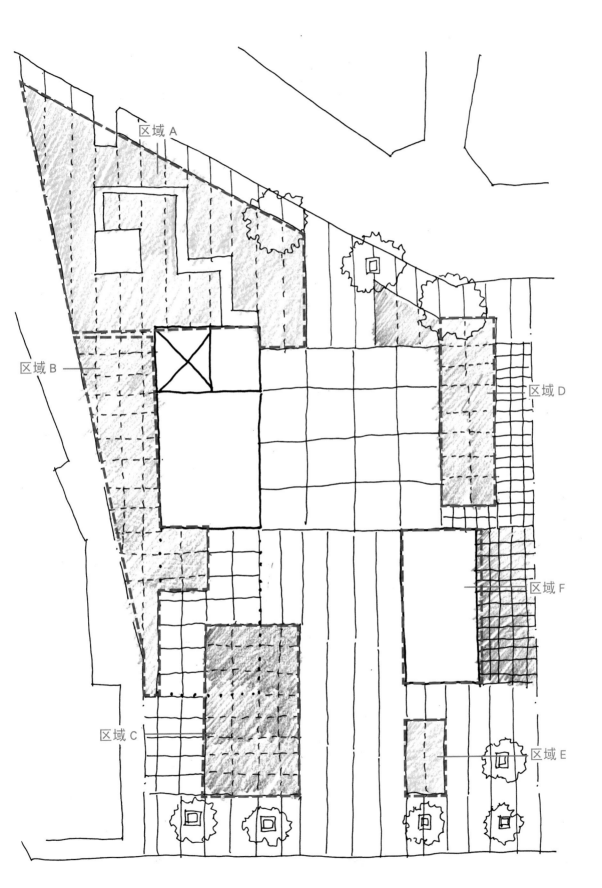

区域 A

区域 B

区域 D

区域 F

区域 C

区域 E

种树－找出基地中需要种树的区域

A 型区块　　　沿街或仅供通行的路径
B 型区块　　　花台或绿地，基地内的主要植栽区域
C 型区块　　　有特殊要求与功能的开放空间
D 型区块　　　不太适合种树，但有树会更好的区域

❶ 只是路径的区域，用"列"的树，产生人群的引导效果

❷ 没有路径的区域，用"群"的树，可以产生基地外往内部的围封感觉，包围效果。
如果基地周围有不好的东西，譬如噪音或污染，"群"的树也可以产生保护的感觉

❸ 基地与邻地的边界，用"列"的树，软化边界，有向外延伸的效果

❹ 基地内部的庭院空间，比较不用考虑人群移动，但希望在软铺面的边缘，可以有停
留驻足的机会，因此"树"变成人群休憩停留时的安稳靠山，以人无法穿越的"群"
树加强靠山效果

❺ 基地入口开放空间，除了要引导人进入主题开放空间，也希望成为有活动感的空间。
用"阵"的树，可以让树冠成为自然的大棚架，让人自由的穿越

❻ 基地入口的大水池，用一棵"独"的树成为水上地标，宣告入口

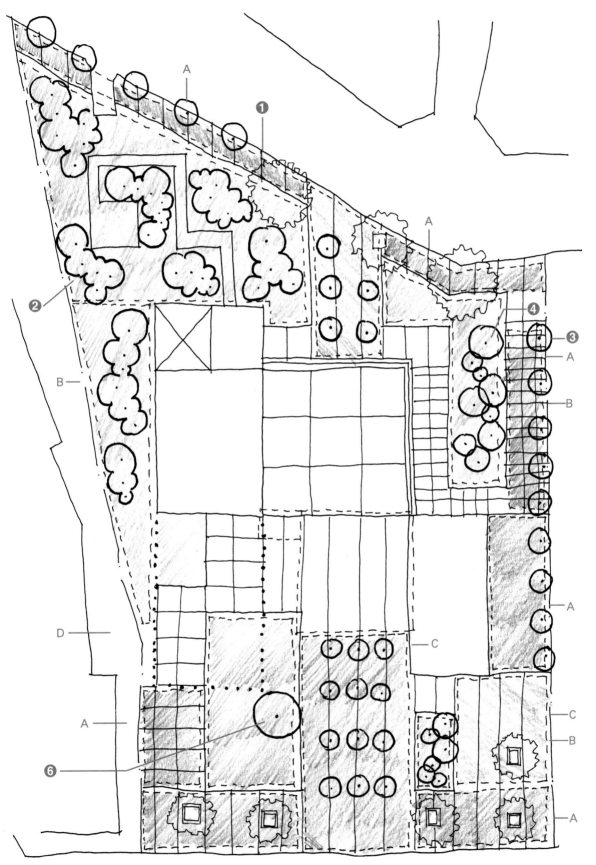

在配置上决定五大虚量体的位置和范围

目的

❶ 理性地用最终开放空间区块，区划出各种虚量体的位置和设置方式。

❷ 不要只是没事找事做，将五种虚量体硬放到空间环境里。

方法

❶ **一号虚量体（大棚架）**：发生位置通常在主题开放空间里，有时候会是建筑与建筑围塑的次要开放空间。最主要的功能是提供具公益性质的有顶盖开放空间，但不计入建蔽。

❷ **二号虚量体（廊道）**：有顶盖的半户外步行空间，因为有顶盖，加入几张小椅子，然后弯折个几下，就会很有中国庭院的风格。通常被运用在连接动静性质差很多的建筑量体。

❸ **三号虚量体：（阶梯广场）**：一样通常被设置在主题开放空间里。设置的时候可以稍微退缩一圈，让建筑与阶梯间产生一些缓冲空间。设置阶梯广场时，要先决定可能的舞台区，让阶梯广场的座椅区有方向性。并且在图面上产生户外空间的展演剧场感受。

❹ **四号虚量体（地下阳光广场）**：是一个险招，通常我会用在空间量太大，导致地面层开放空间不足的时候。地下阳光广场和大棚架空间一样，都得利用完整的开放空间区域，才能呈现开放空间的完整性。

❺ **五号虚量体（高空平台）**：是一个会自然而然产生的开放空间型式。尤其是地面层量体为了呼应基地周围现况时，而与主建筑量体合并设计。

最大的问题是这些虚量体像车的零件订制品，要用来开拓自己的兴趣与目标。

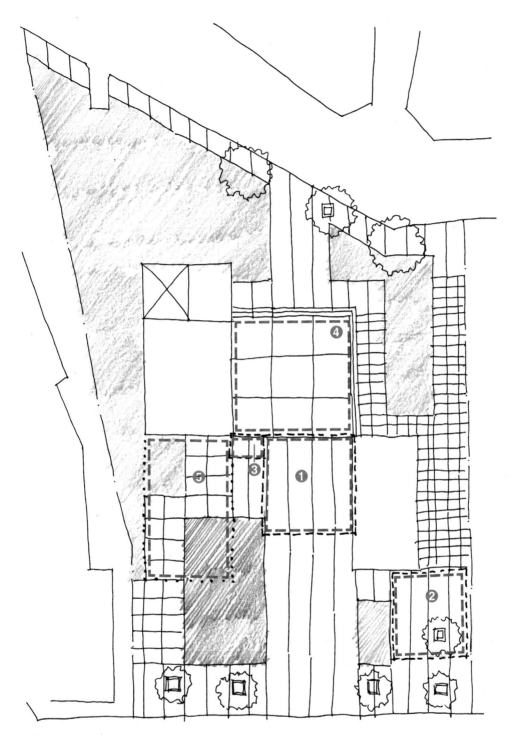

五大虚量体设定

❶ 位于建筑／主题开放空间的正方形范围，可以作为临时的风雨广场 ········设为"一号虚量体"

❷ 位于商业室内空间与幼儿园间的正方形领域 ····················设为"一号虚量体"

❸ 连接风雨广场的图书馆主体建筑的建筑空间，仅作为通行使用 ·········设为"二号虚量体"

❹ 本题为教育类题目，主题开放空间可以利用"阶梯广场"，
强化文教空间的空间质感 ···························设为"三号虚量体"

❺ 原有规划量体中的一楼，利用动线周围的设施，如花台、水池，形塑可以让人停留的休憩空间

画建筑

- 加入梁柱和开窗，让室内空间有表情

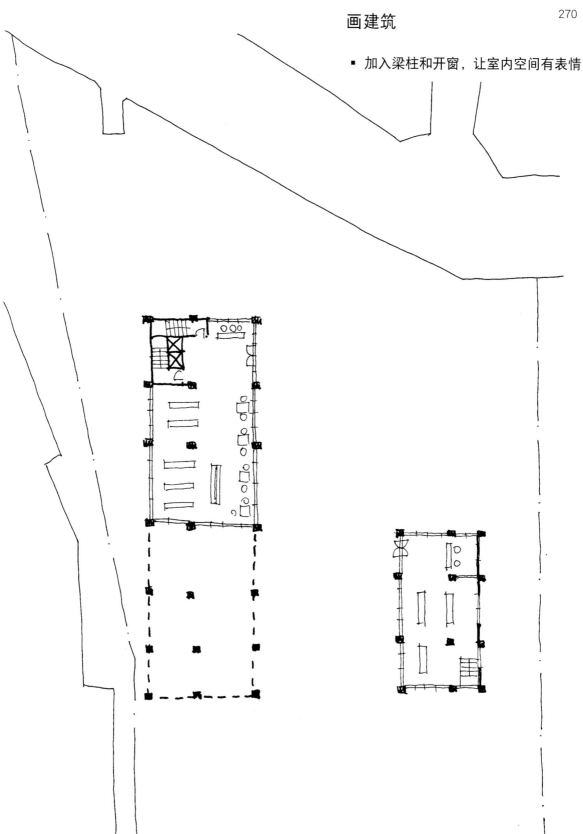

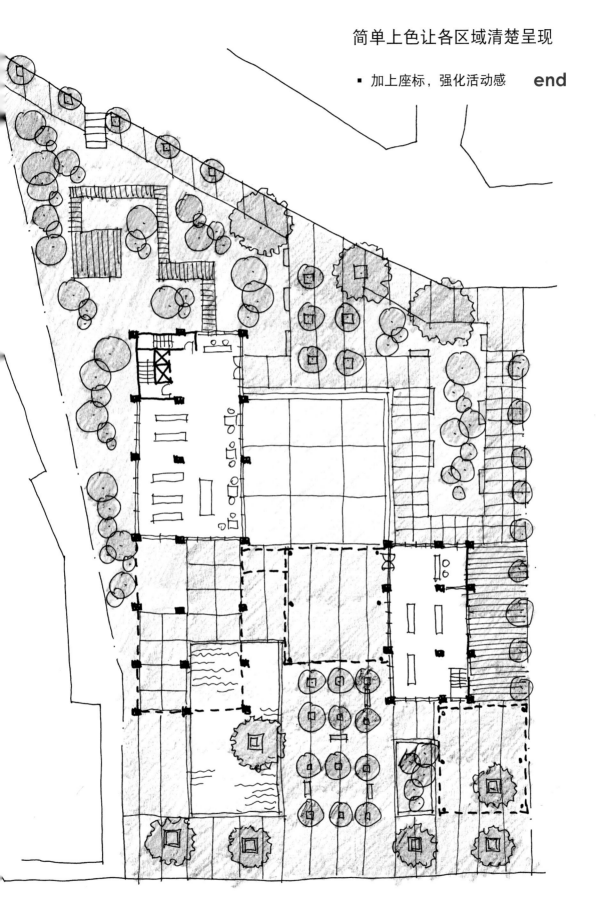

简单上色让各区域清楚呈现

▪ 加上座标，强化活动感　　**end**

CHAPTER TENTH

成为建筑师以后

这只是开始，不是终点。

建筑师的
人生与责任

认识很多考上建筑师的朋友，有一个共同的经验，这经验是："开心只有考上的那几天"。有的人会说，为了考试一直努力念书、画图，都已经习惯这种没有品质的考生日子了，突然少了奋斗的目标，好像连生活下去的动力都没有了。是啊！我也有同样的问题，但我比较特别，我把以前准备考试的笔记都端上桌，重新整理。没错，我身边的朋友都觉得我疯了，但那个时候我只知道，我已经养成一个为自己设定目标，并且持续为自己奋斗的习惯。我依旧每天早起，做一些为自己努力的事，当然更重要的是，我得开始还愿了，只不过当年这个愿一还，就没完没了，一直还下去了。但不是因为我真的比别人上进或是努力，而那种缺乏方向的无力感，其实比认真沉浸在考试压力的痛苦中，还更让人难受。即然如此，只好把这个已经习惯早起，不看电视的生活方式继续下去，只不过这次的目标设定为帮助其他人考过建筑设计。

但不是每个人都跟我一样自由，许这种很奇怪的愿，只为了考试这件事，大家都说参加读书会，除了可以练习设计，还有"阿杰心理辅导室"，连失恋的痛苦都可以在读书会都可以找到解脱。我知道这种流言太扯了，但对于考上后的"心理无力"症状，我倒是有一些小建议，可以让大家舒缓些。

一样，我们得设一些简单的目标和伟大的目标。大目标，我有几个目标设定的建议：

设计能力再升级

让你的设计成为"人文的建筑"，继续临摹案例。

当你通过建筑师考试后，代表你的设计能力有一定的逻辑性和系统感，可以清楚地产生设计的基础架构。但这也代表你的设计，只能解决即存的问题和客观的议题。这个阶段的你，做的设计还不能展现你的内涵与个人设计哲学。一个设计能呈现出这两个特质，才称得上是好作品，有这样的品质才能吸引人成为"人文"的建筑。

让你的设计成为人文的建筑，是大的目标，还需要说明小的执行目标。在我们前面章节有说明如何将美好的案例，内化成自己脑袋里的设计肥料，考上建筑师后，这个练习，更是你得持续奋斗的基本练习功课。实质的练习，则是要求自己大量而密集的临摹美好的案例，并且刻意和生活中的设计工作结合与运用，让这美好的案例不断地被运用出来，直到你在想设计的时候，这些美好的案例会自己跑到图面里，而不用你去用力的回忆，一切就是自然而然的发生。

做到这一步，代表你的内在、灵魂，都被植入设计的基因了。你悲伤的时候，安藤忠雄的教堂会在你的心里跑出来，因为设计之神知道你需要平静的空间，安抚你的情绪，当你充满热情，对世界充满想象，那个住在你心里的设计之神，会直接把法兰克·盖瑞的博物馆端出来，让你的设计充满流畅的线条与灵感。此时你的设计忠实反应你的情感与思绪，而不是单纯的反应市场的需求与业主的癖好，我们可以称你为建筑的艺术家，如果有这种感觉，恭喜你，你的设计功力升级了。

成为建筑领域以外的达人

考建筑师之外，还有更多有趣的东西，可以成就你的人生。

很多人当建筑师是为了了结念建筑的人生，发给自己建筑人生的毕业证书。有的人念建筑是为了符合家人的期待，考建筑师是为了负起对家的责任，甚至达成女友的结婚条件要求。这些理由都让人必需痛苦的做建筑的工作，念建筑考试的书。考上的那一瞬间，这些惹人厌的理由都变成"不是理由的理由了"，而这时，你再也不能说，为了准备考试，我得放弃很多兴趣的生活品质。你该负的责任，卡很久的人生关卡，都没了，你总该做点有趣的事，让自己黑白久远的人生，加入一点生命的色彩吧！如果你决定为了这个暗淡很久的生活加入一点乐趣，你也可以用准备考试，练习设计的方法来，达成这些目标。

回想我们的练习过程，不断重复熟悉一个步骤，让自己彻底变成那个步骤的达人，变成一件小事的专家，增加自己的信心，这方法是让你开始进入你自己兴趣的专家的第一步。接着尝试将一个大的目标，切成很多小目标或小的过程，让一个比较难去达成的目标，变成容易获得成就感的小目标，这很像我们前面的章节，我们得先学会分析文字，再进一步绘制图面，然后才能探讨做设计。这样一步一步的前进，你会清楚看到自己前进与成长的轨迹，才能知道自

己已经有所不同。

先成为小事的高手，接着切分过程，让自己看到成长与进步的成就感，最后就像完成考试的大图一样，让周围的人看到您的建筑专业外的成就，充满自信与个人风格，此刻的你懂得为自己有兴趣的事物，去说明，去研究，已经是另一个领域的专家了。

学习当一个令人尊敬的建筑专业人士

我妈跟我讲过一句话，内容是这样：一个令人尊敬的人，他总是让人感受到被尊敬的感觉。而我曾经接触过的建筑大师或非常早期的建筑前辈，也确实像我妈说的，他们总是可以让人感受到除了社会角色的相互尊重外，也能清楚的感受到强大的智慧与生命内涵的厚度，像泉水一样不断的滋润自己的心灵与大脑，我想这就是真正的大师。也许我的人生阅历还不够积累厚实的生命内涵，但我相信我对建筑设计的热情，可以让我的专业不断的被提升，而这个提升可

以让我被尊重，相反的我也会有更客观的态度，去尊重其它的人的事业。这阶段的我绝对称不上大师，但我得学习，用大师的态度去与人接触。这些人可能是你身边还没考上建筑师的朋友，可能是花钱请你做设计的业主，可能在公堂上审你图的政府官员，更多可能是非建筑背景的其它领域人士。面对这些人，你可以练习用他们的角色和视野，回头看自己的专业，很多时候伟大的设计，都是在这个时候产生的。

讲到这边，我可以分享一些我自己在生活上的自我训练与要求。你可能会笑说："阿杰，难不成修身养性你也会教，这也太玄了吧！"没错，就像很多厉害又赚钱的企业家说的，他们的企业发展之初，都是要为人解决问题，而不是要从别人的口袋拿钱出来而已。我相信大家都想过富裕的生活，如果你想跟那些顶尖的企业家一样，那"利他"就该是你的核心思想。做法很简单，每天睡觉前反省自己三次，一次反省跟工作上交手的人，一次反省跟家人的互动，一次反省是否违背自己的良心，没错，这就是古人讲的，听古人的话就能让你

跟上顶尖企业家的生活模式，更具体一点的说明是，只要想想你对这些人讲过什么话，他们怎样回应你，想想这些回应背后可能的产生理由。然后请在第二天上班打卡前，把这"三省"写下来，如果可以用你的专业去面对，那就更好了。

（1）设计能力再升级。
（2）充实自己成为建筑领域外的达人。
（3）像大师一样尊重专业、尊重他人。

上面三点，都是自我提升的目标，但是人生，还是有很多其它的课题得面对，但这些课题都不及当好你的家人的角色，无论财富是否富足，无论人生是否得志，好好守护你的家人，多花点时间，付出你的心思，让他们幸福，才是你这辈子最值得努力的事情。

APPENDIX

建筑师还是得·考·试·

阶段练习实作

附录1 阿杰心理咨询室
练习设计、准备考试之外

Q1：我想辞掉工作，全力准备考试好吗？

A1：当然不好。如果把考试当成生活中的唯一，起床念书、吃饭念书、上厕所念书，生活中的每一个过程和细节都跟念书、准备考试扯在一起，只会有两种情况。第一你真的念了很多书，但念的书都只是为考试而念，如果没花太多时间念还好，一念念了十几年，人生一大段都在念书，那不是很感伤吗？另一种人他只"计划上在念书"，什么叫"计划上在念书"。通常这种人有严密的读书计划，严格划分"生活"上的每个时段的内容，但这种人往往因为没有在工作，生活中失了重心，念书又还没养成习惯，在这阶段，他开始填入其它和考试没关联的活动，而原来严密的读书计划，也因为过低的执行达成率而累积庞大的读书计划债，渐渐地也放弃为自己努力。追计划进度变成追剧进度，一样还是很感伤，尤其是追了一堆剧，少赚很多钱，更感伤。

Q2：我白天上班很忙、很辛苦，晚上回到家很要做家务，做完家务还要陪小孩，实在没时间为自己努力，你有什么建议？

A2：先声明，问过我这问题的不是只有女士们，还有很多是我们的男性同胞，这只能证明，我们这个社会的两性平等观念很明显的抬头了，但也象征一个问题，我得用男性的观点，来为大家解决问题。

但无论如何，在家里我也有我的角色的扮演，做家务、陪小孩、陪老婆，在我准备考试的阶段，我没有少一样。老话一句，晚上你得把时间付出给家人，这是正确的，但他们熟睡的时候，这个世界的掌控权就又回到你手上了。你有的时间是什么呢？第一个是一大早，因为要早起对大部分的人来讲都很痛苦，如果你能克服这个痛苦，那你就多了一、两个小时的时间，来投资自己。另一个时段是"中午"，因为照你的问题，你中午一定在公司或公司附近吃饭，边吃边念书，你就又多了一个念书的时段，来追赶念书的进度，而你的家人与家务，只能说，请你暂时放下吧，只因为你不在家。

Q3：阿杰，我人生不得志！我失恋了！我想考建筑师，适合吗？

A3：如果你化悲愤为力量，全心全意准备考试，当然你很容易忘却心中的不愉快，不得不否认这是强力的心灵止痛药，快速而有效。但是如果考试没有好结果，通常会让你的心情雪上加霜，越考越痛。反过来讲，认真得到回报，顺利考上，想说可以向伤害你的人提出强而有力的证明，证明没有他（她）你一个人会过得更好，但结果通常是他（她）没有你也没什么改变，你大量付出所获得的成绩，完全不在他眼里，这时候你会被伤得更深。

也就是说，拜托各位，情伤、失志，不该拿来作为努力奋斗的初始原因，好好为自己找到心情的回转门或泄压阀，消解心中的不满。可以为自己的人生努力，不要为别人的眼光奋斗。或者，找我，我请你喝一杯吧！

Q4：很多考上建筑师的朋友，都会突然变大师、得大头病，开始让人觉得充满距离，格格不入，为什么？

A4：我没有留过学，没有经历过先进国家的文化与生活，但我常常从朋友口中听到，建筑师在那些欧美国家，只是一个单纯的专业身份，不是社会地位的象征。然而，在我们这个讲中文的世界中，考上建筑师，似乎跟中"举人"一样，是一个光耀门楣的光荣时刻。在这样的文化氛围中，我们这个行业，很简单而粗糙的被区分成两种人——考上建筑师和考不上建筑师这两种人。实在很讨厌这种情况，也因为这样，我总是告诉自己，别变成蠢大头建筑师。而我也总是跟身边还没考上建筑师的朋友说，不要因为你还不是建筑师就矮人一级，请把那些刚考上建筑师就得大头症的专家跟我"阿杰"比，如果他做得比我多，比我好，那他才有资格像我一样，有"大头病"。(P.S. 我的头真的很大。)

台湾考试现场
版面与考场时间分配

我们面对的建筑师考试（台湾），有建筑计划与设计（考8小时）以及敷地计划（考4小时），全部都是画图，时间漫长，号称"现代科举考试"，还可以带泡面、便当进场，就算走来走去也没人理，因为不可能抄袭别人的设计。

我附上个人研究出来的"图面分布法"，给大家看看我们是这样画出设计图的，而建筑师考试与养成关系密切。

图纸 $\frac{3}{4}$ 处反折，反折后背面写文字分析

- 参考章节：3-5
- 时间：90分钟

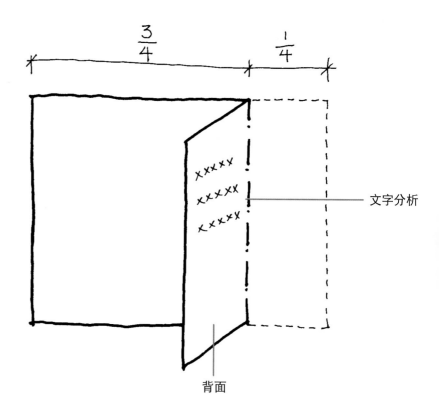

文字分析

背面

图纸左上角—$\frac{1}{4}$ A3 范围，画"基地环境分析"开始"切配置"

- 参考章节：9-1～9-4
- 时间：30 分钟
- 图面比例：
  $\frac{1}{1000}$ — $\frac{1}{1200}$

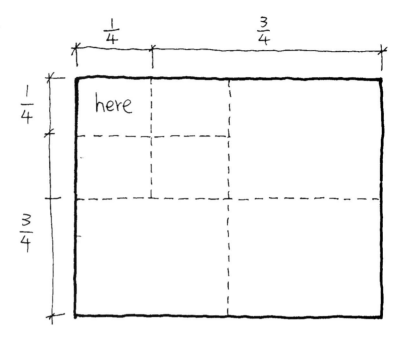

"基地环境分析"图的右边，画"建筑量体与空间计划"设定"建筑规模"与"空间规模"

- 参考章节：9-5
- 时间：30 分钟
- 图面比例：无

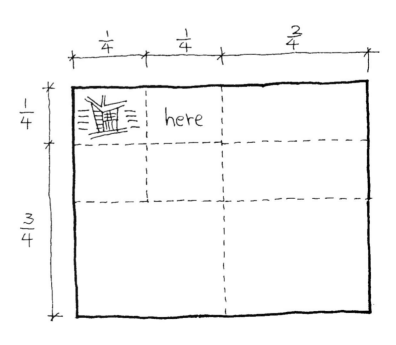

"基地环境分析图"的下面区域，画"空间定性定量"为空间"定性""定量"

- 参考章节：9-7
- 时间：30 分钟
- 图面比例：
  $\dfrac{1}{800}$ — $\dfrac{1}{600}$
- 此 A3 范围完成，
  可视为"建筑计划"完成

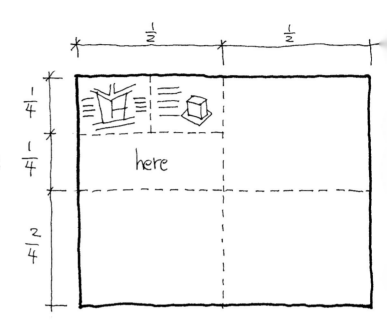

"空间定性定量图"下方，画"主配置"

- 参考章节：9-8
- 时间：60 分钟
- 图面比例：$\dfrac{1}{400}$ — $\dfrac{1}{200}$

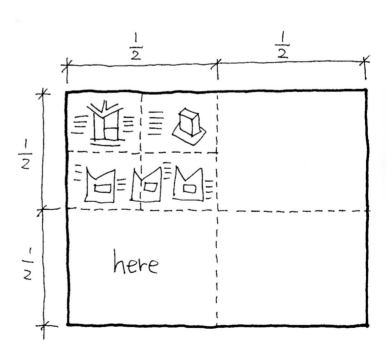

图面右上角画"透视图"

1. 基地放样
2. 将"主配置"成果，完整
   转绘制透视
3. 画初步量体
4. 加入景观点景
5. 建筑量体做造型变化

- 参考章节：2-1 ～ 2-5
- 时间：60 分钟
- 图面比例：$\frac{1}{800}$ － $\frac{1}{600}$

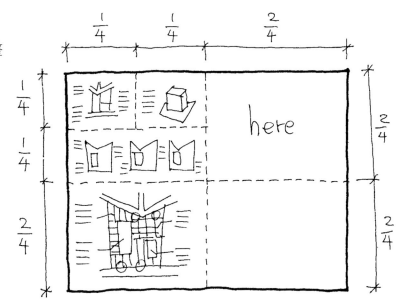

在图面的左下角完成题目中，要求的其他图面

- 时间：90 分钟
- 图面比例：依考题设计

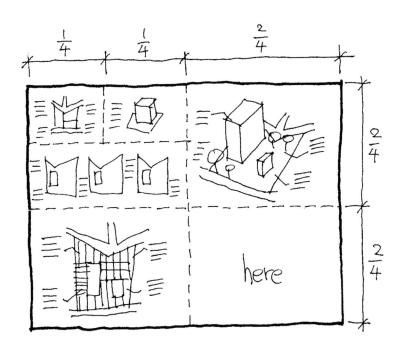

完成所有图面的铅笔稿，开始"上墨线""加颜色"

- 完成所有图面的铅笔稿
- 为"结构体"上墨线：30 分钟
- 为"标题字"上墨线：15 分钟
- 为"软硬铺面"上色块：15 分钟
- 为"点景"、"细部"上色：15 分钟
- 所有操作过程结束

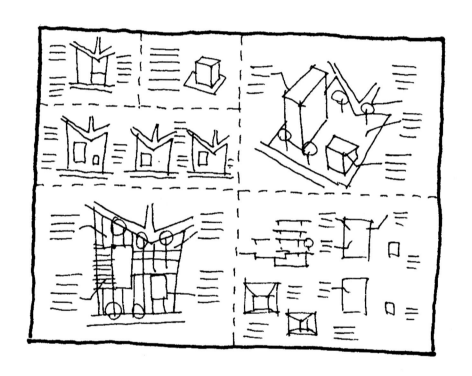

NOTE

❶ 敷地计划考试时间仅有四小时，操作方式是将"建筑设计"图面中的"泡泡图""各层平面图""透视图"简化或省略。

❷ 上面所说的表现方式，只是最基本的表现法，如果读者有更厉害的表现法，可以自己试试看，并计算时间做时间节点的调整。

❸ 设计考试有时间限制，因此每个阶段都必须达到一定程度的完整性与可读性。

❹ 题目有不同的基地条件，会影响版面与流程，可以多练习，找出顺手的编排方式。

图纸上的
完成度控制

❶ 每一笔画都要当正式的完整图来画

前面有说，把橡皮擦当笔用，不断地把不要的线段删除，只留下图面中，正确且有意义的线条和文字。这样的要求是为了减少图面完成后，需要重新回头修改图面，以求图面有完稿的水准，也避免设计的过程，过多不必要的线条，混乱了思考流畅。

❷ 先用铅笔完成所有图面的框架与铺面

避免在图面的某个区块或步骤着墨太久，如果有这状况，通常会发生的问题，就是图面完成度严重不平衡，有的完成度高，有的则相反。因此在练习的过程中，应尽量让每个图纸区块内的品质一直维持一致。在设计完成的同时，也完成所有图面的铅笔稿，包含图面与说明文字。

❸ 整张图纸不同区块同步上墨、上色

当你完成铅笔稿后，如果是为结构体上墨线，则整张图纸内一次完成所有结构体有关的铅笔稿，都需要完成上墨线这件事。上色也一样，一次完成所有图面区块的上色，再继续其他完稿工作。

最后

　　谢谢我亲爱的老婆、三个儿子和父母，支持我无论是考上前或考上后，一共当了七八年的建筑师考试的忠实考生，因为我发了一个蠢愿，要帮助大家一起面对这个讨厌的考试。也谢谢一路支持我办这个读书会的会友，没有你们的支持，我走不到今天，也出不了这本书，由衷万分地感谢各位。

图书在版编目（CIP）数据

建筑力：空间思考的 10 堂修炼课 / 林煜杰著. --
天津：天津人民出版社，2018.3
ISBN 978-7-201-13022-4

Ⅰ. ①建… Ⅱ. ①林… Ⅲ. ①建筑设计 Ⅳ. ①TU2

中国版本图书馆 CIP 数据核字（2018）第 047944 号

建筑力 - 空间思考的10堂修炼课 林煜杰 著

JIANZHU LI - KONGJIAN SIKAO DE SHI TANG XIULIAN KE

出 版	天津人民出版社
出 版 人	黄沛
地 址	天津市和平区西康路 35 号康岳大厦
邮政编码	300051
邮购电话	（022）23332469
网 址	http://www.tjrmcbs.com
电 邮	tjrmcbs@126.com

责任编辑	赵子源
特约编辑	李亦榛 郑泽琪 张芳瑜 黎怡琳
设计制作	亚乐设计有限公司 比比司工作室 黄雅瑜
策划统筹	广州凌速文化发展有限公司 凤和文创事业有限公司
	地址 / 广州市农林下路 81 号新裕大厦 12 楼 K 室
	电邮 / iec2013@163.com

制版印刷	深圳市精彩印联合印务有限公司
经 销	新华书店
开 本	787×1092 毫米 1/16
印 张	20
字 数	300 千字
版 次	2018 年 3 月第 1 版 2018 年 3 月第 1 次印刷
书 号	ISBN 978-7-201-13022-4
定 价	128.00 元